L'astronomie

Machine à calculer (XIXe siècle)

Reconstitution de Stonehenge

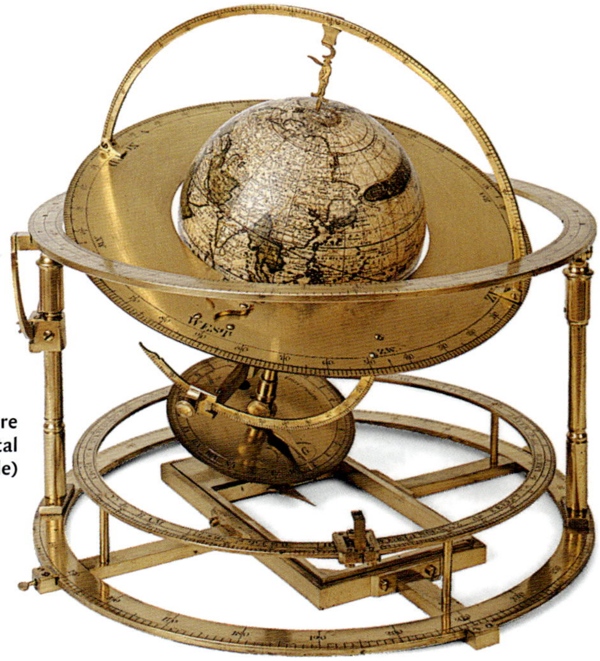

Globe terrestre ornemental (XIXe siècle)

Représentation de la sphère céleste (XIXe siècle)

Cadran solaire japonais (XIXe siècle)

Le catalogue d'étoiles de John Flamsteed (1725)

L'astronomie

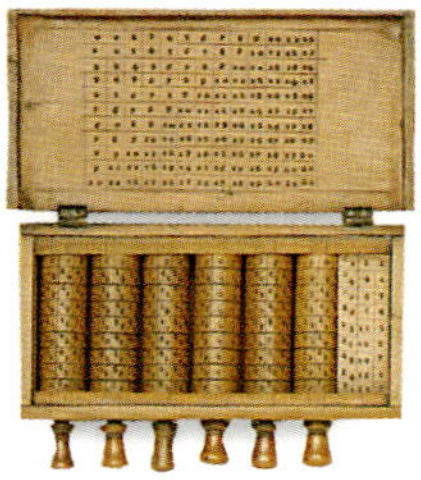

Bâtons de Neper

Prismes utilisés dans un spectroscope du XIXe siècle

par

Kristen Lippincot

Photographies originales de Tina Chambers et Clive Streeter
En association avec The Old Royal Observatory, Greenwich

Astrolabe persan (XVIIIe siècle)

Lunette (XIXe siècle)

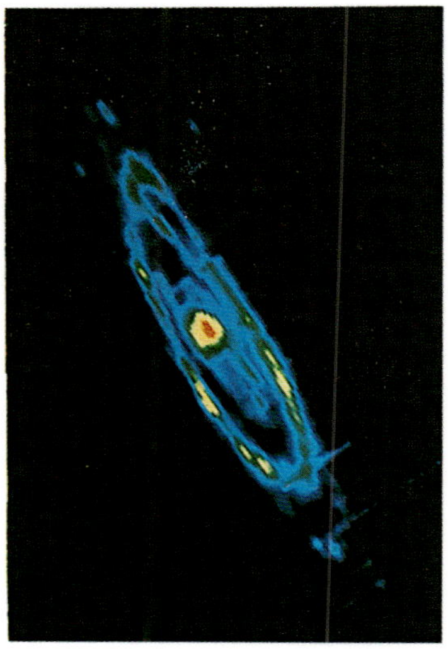

Galaxie d'Andromède

Buste de Galilée

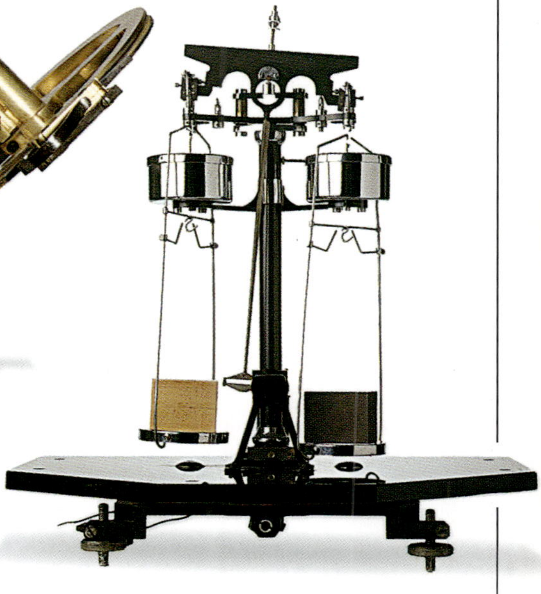

Balance, dite trébuchet, pour mesurer la masse

LES YEUX DE LA DÉCOUVERTE
GALLIMARD JEUNESSE

Carte des constellations imprimée (XIXe siècle)

Boussole (XIXe siècle)

Collection créée par Pierre Marchand et Peter Kindersley

Édition originale
Responsables éditoriaux Josephine Buchanan et Charyn Jones
Directeurs artistiques Lynne Brown et Ron Stobbart
Maquettiste Eliane C. Monaghan
Responsable de la fabrication Meryl Silbert
Iconographes Becky Halls et Deborah Pownall
Conseiller éditorial Heather Couper

Édition française
Édition Nathalie Corradini
Traduction et conseil Gilles Theureau, astronome
Maquette de couverture Antonin Faure
PAO Olivier Brunot
Miseà jour pour cette édition Bruno Porlier
Correction Sylvette Tollard et Eliane Rizo
Suivi éditorial Éric Pierrat et Françoise Laurent

Édition originale parue sous le titre :
Eyewitness Science Guide Astronomy

ISBN 978-2-07-058878-7

Édition Clotilde Oussiali
Traduction Véronique Dreyfus
Relecture-spécialiste Jean-Pierre Verdet
Préparation Lorène Bücher
Correction Emmanuel de Saint-Martin

Dépôt légal : février 2016
Numéro d'édition : 294485

Imprimé en Chine

Le tracé d'une ellipse

Micromètre utilisé avec un télescope

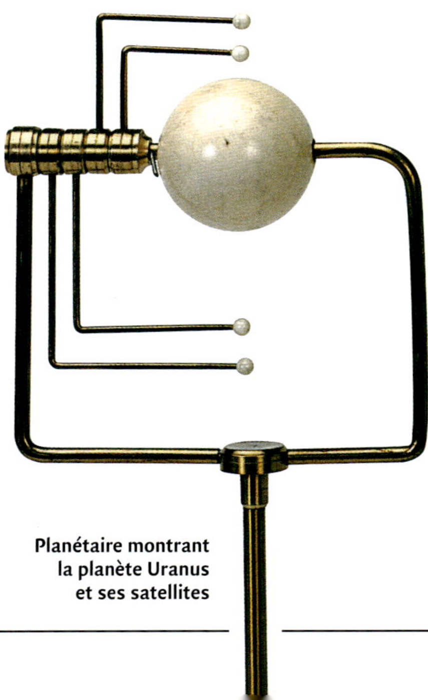

Planétaire montrant la planète Uranus et ses satellites

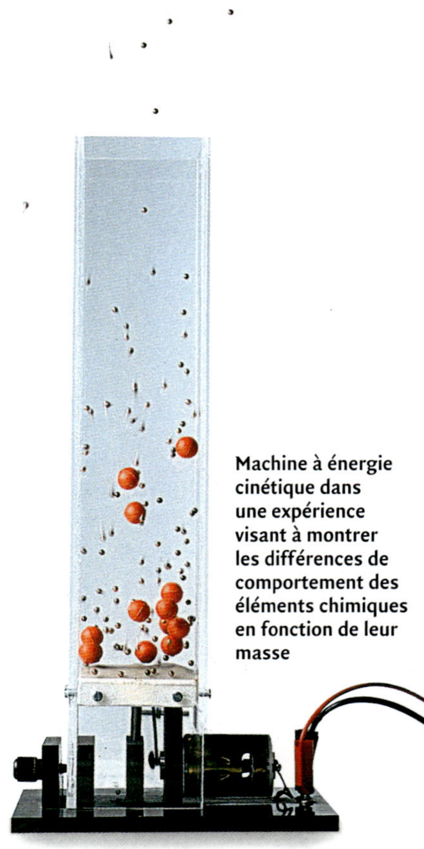

Machine à énergie cinétique dans une expérience visant à montrer les différences de comportement des éléments chimiques en fonction de leur masse

Sommaire

Gravure astronomique française (XIXe siècle)

L'étude des cieux

Le mot « astronomie » provient de deux mots grecs : *astron*, qui signifie « étoile », et *nemein*, « nommer ». Bien que les débuts de l'astronomie remontent à des milliers d'années avant que les Grecs anciens ne commencent à étudier le firmament, cette science a toujours reposé sur le même principe, « nommer les étoiles ». De nombreux noms proviennent des Grecs, puisqu'ils furent les premiers astronomes à établir un catalogue systématique des étoiles qu'ils pouvaient voir. Bon nombre des civilisations primitives mémorisaient les positions relatives des astres en les regroupant en motifs. L'un d'eux évoquait les méandres d'une rivière, on l'appela donc *Eridanus*, le fleuve Éridan ; un autre évoquait un chasseur porteur d'une ceinture étincelante et d'une dague, il fut appelé Orion, le Chasseur (p. 61) ; un autre encore, rappelant la forme d'un navire, fut baptisé Argos. À l'intérieur de chaque motif, les étoiles sont nommées en fonction de leur position et on les classe par ordre de brillance. Par exemple, l'étoile la plus brillante de la constellation du Scorpion s'appelle α Scorpii (« alpha du Scorpion ») parce que α est la première lettre de l'alphabet grec. On l'appelle aussi Antarès (l'« autre Mars ») car elle apparaît rouge dans le ciel nocturne et évoque donc fortement Mars (p. 48-49).

▲ L'observation du ciel
Les premiers astronomes furent sans doute des bergers et des cultivateurs. Ils guettaient dans les cieux les signes du changement des saisons, les dates des transhumances, des semailles ou des moissons. Les nuits claires leur donnaient l'occasion de reconnaître des motifs familiers ainsi que les mouvements des corps célestes les plus brillants.

Gravure représentant al-Sufi avec un globe céleste

◀ L'étude des étoiles
Presque toutes les cultures ont étudié les astres et cherché à comprendre leurs mouvements. Pendant le Moyen Age, ce sont les peuples de langue arabe qui poursuivirent les travaux astronomiques des Grecs. Les catalogues d'étoiles furent constamment améliorés et remis à jour par de grands astronomes arabes comme al-Sufi (903-986).

Un ciel immuable ▶
À part dans les villes, où les étoiles sont le plus souvent masquées par la pollution ou voilées par l'éclairage urbain, l'observation du ciel nocturne reste captivante. Vu depuis la Terre, l'emplacement des étoiles a remarquablement peu varié durant les dix derniers millénaires. Le ciel d'une nuit du XXIe siècle est presque le même que celui visible il y a des milliers d'années. La voûte céleste était plus familière aux hommes des civilisations premières parce qu'ils vivaient plus près que nous de la nature. On dispose maintenant de radiotélescopes, où les images apparaissent sur l'écran d'un ordinateur, et de télescopes envoyés dans l'espace pour détecter des radiations qui ne pénètrent pas dans notre atmosphère. Ces progrès de la technologie n'empêchent nullement l'astronome amateur de contempler le ciel étoilé. Livres, journaux et sites Internet reproduisent des cartes du ciel permettant, pour une nuit donnée, pour un lieu géographique précis, à quiconque levant les yeux vers un ciel dégagé, de reconnaître les constellations.

▲ De la superstition à la science

La science de l'astronomie s'est développée au sein de l'astrologie (p. 16-17), art divinatoire qui prétend que les planètes et les étoiles affectent la vie sur Terre. Chaque planète possédait la personnalité et les pouvoirs d'un dieu. Mars, que l'on voit ici, décidait des guerres, des pestes, des famines et des morts violentes.

Tradition ▶

L'héritage de la science grecque des étoiles a traversé plusieurs civilisations. Les dessins des constellations s'inspiraient des héros des légendes locales. Les animaux méditerranéens du zodiaque furent abandonnés par les autres cultures, celles de la Perse ou de l'Inde en particulier, au profit de créatures qui leur étaient plus familières comme le bouquetin, le zébu indien ou la langouste. Ces pages sont extraites d'un manuscrit arabe du XVIIIe siècle. On y reconnaît les représentations des signes des Gémeaux, du Cancer, du Bélier et du Taureau. Les légendes sont écrites en arabe et se lisent donc de droite à gauche.

Quetzalcóatl

▲ Mythologie aztèque

Ce calendrier aztèque montre le dieu Quetzalcóatl, divinité qui réunissait les influences du Soleil et de Vénus. Son culte comprenait un sacrifice humain rituel.

En regardant les étoiles ▶

Un grand nombre des mystères du ciel est accessible au moyen d'une bonne paire de jumelles. Cette paire moderne donne des cieux une meilleure image que celle obtenue par Newton, Galilée ou n'importe quel autre grand astronome d'antan avec les meilleurs instruments de son temps (p. 20-21).

▲ Des images de l'espace

Grâce au télescope spatial Hubble, les astronomes d'aujourd'hui observent des objets un milliard de fois moins lumineux que ceux que les Anciens voyaient à l'œil nu, notamment des galaxies situées à des milliards d'années-lumière (p. 60). Parce qu'il travaille au-dessus de l'atmosphère, Hubble permet des observations en très haute résolution dans la lumière visible, l'infrarouge et l'ultraviolet. Depuis sa mise en orbite par la Navette spatiale en 1990, le télescope a subi cinq réparations effectuées dans l'espace au cours de missions distinctes. La dernière, en mai 2009, devrait prolonger sa durée de service de dix ans au moins.

Le dieu romain Jupiter

L'astronomie des anciens

En regardant les mouvements cycliques des astres, les premiers observateurs comprirent qu'ils pouvaient s'en servir comme d'une horloge cosmique et d'un calendrier (marquant la progression des saisons). Des monuments anciens, comme Stonehenge, en Angleterre, ou les pyramides des Mayas en Amérique centrale, prouvent que les bases de l'astronomie observationnelle sont connues depuis au moins 6 000 ans. Presque toutes les civilisations ont cru que les mouvements réguliers du ciel étaient la manifestation d'un ordre supérieur. Certains peuples anciens pensaient, par exemple, que les éclipses étaient dues à un dragon qui mangeait le Soleil, et qu'il suffisait d'un grand bruit pour effrayer le monstre.

Le nom des planètes ▲
La diffusion du savoir tend à suivre les deux routes du commerce et de la guerre. Lorsque les grands empires s'étendent, ils apportent avec eux leurs divinités, leurs coutumes et leurs connaissances. Les civilisations antiques croyaient que les astres étaient gouvernés par les dieux. C'est ainsi que les Babyloniens, par exemple, attribuaient un nom à chaque planète d'après le dieu qui avait avec elle le plus de points communs. Les Grecs et les Romains adoptèrent ce système et remplacèrent les noms babyloniens par ceux de leur panthéon. C'est pourquoi on peut remonter directement aux dieux-planètes babyloniens à partir des noms de planètes actuels : Mars a remplacé Nergal, et Jupiter, Marduk.

▼ Les phases lunaires
La face changeante de la Lune a toujours profondément impressionné les hommes. On considérait la nouvelle lune comme le meilleur moment pour commencer une entreprise, et on craignait souvent la pleine lune comme la période où les esprits étaient libres de rôder. Le mot « lunatique », qui vient du latin *luna*, évoque l'aspect changeant du satellite de la Terre.

Pierre de position

Les trous d'Aubrey sont des fosses circulaires qui faisaient partie de la structure primitive.

Pour relever les mouvements du Soleil ▶
Bien que la signification précise des pierres levées de Stonehenge reste sujette à débat, il est clair, à en juger par leur arrangement, qu'elles ont été érigées par des hommes préhistoriques pour faire le relevé de certains événements célestes clés, comme les solstices d'été ou d'hiver et les équinoxes de printemps ou d'automne. Quoique Stonehenge (reconstitution à droite) soit le plus connu des monuments mégalithiques anciens (construits en pierre aux temps préhistoriques), le nombre de sites similaires à travers le monde prouve que bon nombre de peuples attribuaient une énorme importance aux relevés des mouvements du Soleil et de la Lune.

▲ Un vénérable ancêtre
Simple édifice en forme de ruche, avec une ouverture centrale dans le toit, l'observatoire de Chomsung dae, à Kyungju, en Corée du Sud, est le plus vieux du monde. De nombreux observatoires modernes (p. 26-27) ont encore une ouverture similaire.

Relevés babyloniens ▲

Dans les civilisations de la Mésopotamie ancienne qui s'épanouirent entre le Tigre et l'Euphrate pendant plus de 2 000 ans, les premiers relevés astronomiques se présentaient sous la forme de tablettes d'argile. Les plus vieilles traces de calculs astronomiques sont assez récentes (IVe siècle av. J.-C.), mais elles reposent manifestement sur des générations d'observations astronomiques.

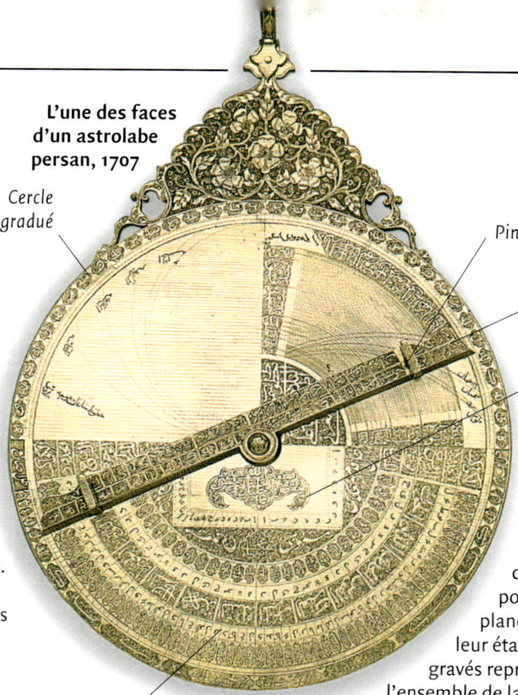

L'une des faces d'un astrolabe persan, 1707

◄ L'astrolabe

L'un des problèmes auxquels les premiers astronomes durent faire face était de savoir comment simplifier les calculs complexes nécessaires pour prédire les positions des planètes et des étoiles. L'astrolabe leur était utile, ses différents plateaux gravés reproduisant en deux dimensions l'ensemble de la sphère céleste. L'alidade à pinnules était utilisée pour mesurer la hauteur du Soleil ou des étoiles. En l'ajustant contre le cercle gradué du calendrier situé sur l'extérieur de l'instrument, on pouvait effectuer certains calculs.

▲ Pour prévoir les moissons

Pour presque tous les peuples anciens, l'astronomie était très importante parce qu'elle donnait le signal des changements de saison. Les Égyptiens savaient que lorsque l'étoile Sirius se levait avec le Soleil, la crue du Nil n'était plus très loin. C'étaient le Soleil, la Lune et les étoiles qui décidaient des plantations et des récoltes.

Gravure d'un manuscrit arabe du XIVe siècle montrant l'utilisation d'un astrolabe

Ordonner l'univers

Une grande part de ce que nous savons sur l'astronomie ancienne nous vient de l'astronome grec d'Égypte Claude Ptolémée (v. 90-v. 168). C'était un véritable scientifique qui, par bonheur, collecta et clarifia le travail des grands astronomes qui l'avaient précédé. Il laissa deux ouvrages très importants : la *Tétrabible*, un traité d'astrologie, et l'*Almageste*, véritable manuel d'astronomie où il remettait à jour le travail d'Hipparque en fournissant la liste de toutes les étoiles connues. Les deux ouvrages de Ptolémée ont fait autorité sur leurs sujets respectifs pendant plus de seize siècles. Avec le déclin de l'Empire romain, qui commença vers le IVe siècle, quantité de connaissances accumulées disparurent quand les bibliothèques furent détruites et leurs livres brûlés. Les ouvrages de Ptolémée furent par chance traduits en arabe et échappèrent ainsi à l'oubli.

▲ Un catalogueur d'étoiles
Hipparque (190-120 av. J.-C.) était l'un des plus brillants astronomes grecs. Il catalogua plus de mille étoiles et développa la trigonométrie. Dans cette représentation moderne, il regarde le ciel à travers un tube mais à son époque, la lunette n'avait pas encore été inventée (p. 22 à 25).

Jules César

L'année bissextile ▶
Prêtres et astronomes étaient confrontés au problème de la correspondance entre les calendriers solaire, lunaire et les saisons (p. 13). Par exemple, chaque année, le calendrier romain perdait un quart de jour sur l'année solaire. La confusion était si importante que, vers le milieu du Ier siècle av. J.-C., Jules César (100-44 av. J.-C.) chargea le Grec Sosigène d'élaborer un nouveau système. On en arriva à l'idée d'une année bissextile : le quart de jour d'année solaire perdu chaque année était ainsi rattrapé tous les quatre ans.

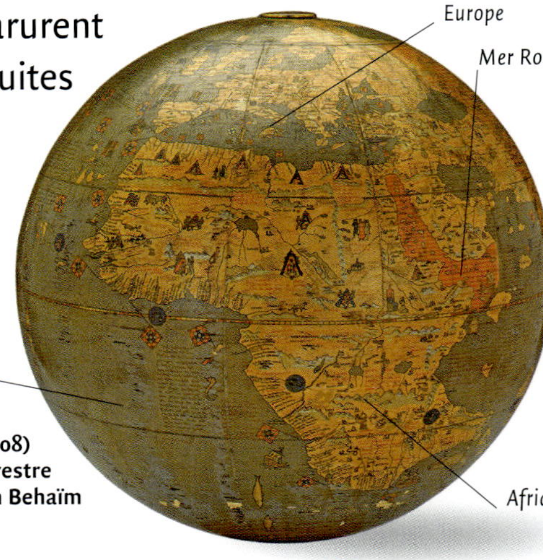

Fac-similé (1908) du globe terrestre de Martin Behaïm

▲ Une Terre sphérique
Le concept d'une Terre sphérique remonte à la Grèce du VIe siècle av. J.-C. Au temps de Ptolémée, les astronomes travaillaient avec des globes terrestres ou célestes. Le premier qui ait été produit depuis l'Antiquité est celui-ci, de Martin Behaïm (1459-1507), montrant une image de la Terre en partie inspirée des fables.

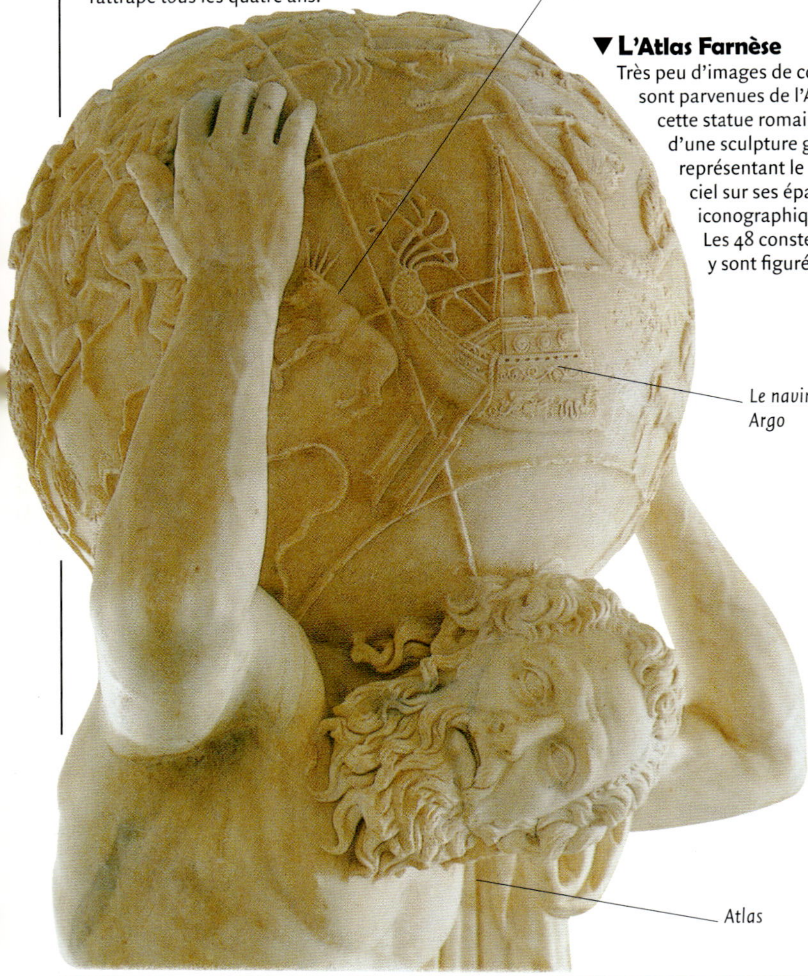

▼ L'Atlas Farnèse
Très peu d'images de constellations nous sont parvenues de l'Antiquité. L'Atlas Farnèse, cette statue romaine du IIe siècle, copie d'une sculpture grecque plus ancienne représentant le géant Atlas portant le ciel sur ses épaules, est notre source iconographique la plus importante. Les 48 constellations de Ptolémée y sont figurées en bas relief.

▲ L'Astronomie arabe
Pendant le Moyen Age, les civilisations de l'islam continuèrent à développer l'astronomie. Au XVe siècle, le prince mongol Ulug Beg installa un observatoire à Samarkand (Asie centrale). Les mesures y étaient effectuées à l'œil nu.

Un Univers géocentrique

Vue du sol terrestre, la voûte céleste semble tourner au-dessus de notre tête, et rien ne laisse supposer que notre globe bouge. Les philosophes anciens croyaient donc naturellement que leur Terre était stable au centre du cosmos. Pour eux, les planètes étaient disposées en une série de couches concentriques à l'intérieur de la grande enveloppe cristalline des « étoiles fixes ».

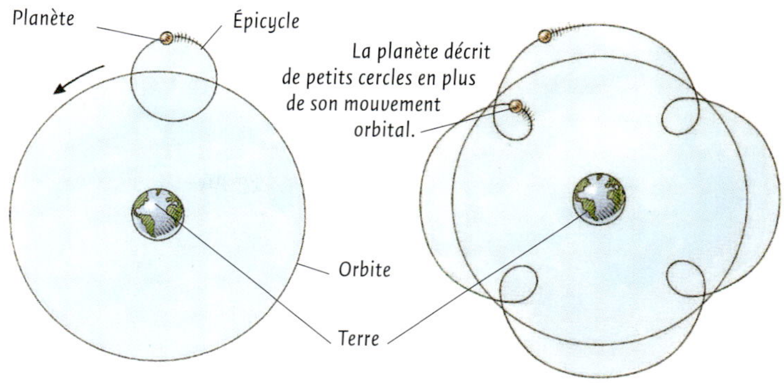

▲ Les problèmes de l'Univers géocentrique
Le principal problème d'un modèle d'Univers centré sur une Terre fixe est qu'il ne permet pas d'expliquer le comportement apparemment chaotique de planètes qui semblent parfois s'arrêter ou revenir en arrière par rapport aux étoiles fixes (p. 19). Pendant des siècles, les philosophes grecs ont cherché une explication rationnelle de ce qu'ils observaient. La plus courante reposait sur la notion d'épicycle : on supposait que les planètes se mouvaient en petits cercles (épicycles) tout en suivant une orbite circulaire centrée sur la Terre. Les premières civilisations, quant à elles, interprétaient les mouvements irréguliers de certaines planètes comme des signes divins.

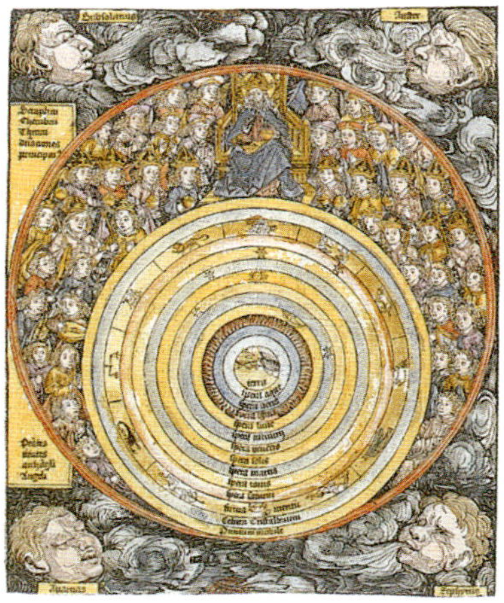

L'Univers de Ptolémée (gravure, 1490)

◀ La Terre au centre
On rapporte souvent l'Univers géocentrique à celui de Ptolémée pour montrer comment les savants de l'Antiquité concevaient la structure de l'Univers. Le célèbre Ptolémée voyait la Terre au centre, le Soleil, la Lune et les autres planètes tournant autour d'elle. Aristarque de Samos (310-v. 230 av. J.-C.) avait déjà suggéré que la Terre voyageait autour du Soleil, mais sa théorie ne correspondait pas à la pensée mathématique et philosophique de son temps ; elle ne s'imposa définitivement qu'au XVIIe siècle.

Un outil d'enseignement ▶
Les astronomes ont toujours eu des difficultés à expliquer les mouvements des astres en trois dimensions. Ptolémée utilisait un outil qui ressemblait à cette sphère armillaire pour faire ses calculs astronomiques et transmettre ses idées à ses étudiants.

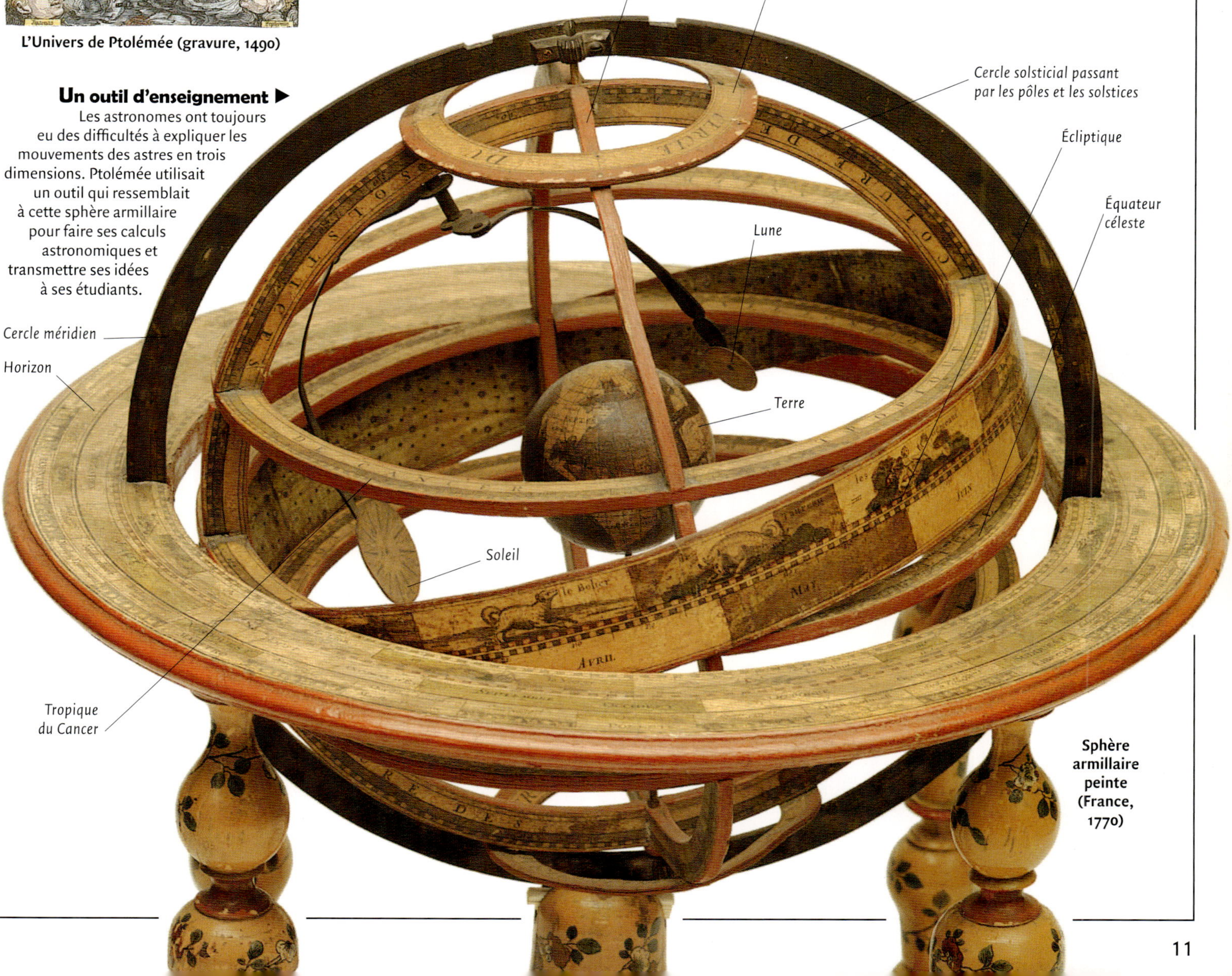

Sphère armillaire peinte (France, 1770)

La sphère céleste

La meilleure façon de comprendre une carte du ciel est de se rappeler comment les Anciens imaginaient la structure de l'Univers. N'ayant aucune preuve du mouvement de la Terre, ils conclurent qu'elle était immobile et que les astres tournaient autour d'elle. Ils voyaient les étoiles décrire des cercles autour d'un point du ciel qu'ils supposèrent être l'une des extrémités de l'axe d'une grande sphère céleste. Ils appelèrent celle-ci sphère cristalline ou sphère des fixes car aucune des étoiles ne semblait changer de position par rapport aux autres. Les coordonnées célestes utilisées aujourd'hui dérivent de ce concept de sphère des fixes. Elles s'apparentent au système des longitudes et des latitudes.

▲ Pistes d'étoiles
Ce cliché, pris avec un long temps de pose depuis l'hémisphère Nord, montre comment les étoiles semblent décrire des cercles autour de l'étoile Polaire. Cette dernière est une étoile brillante située à moins de un degré du véritable pôle céleste, dont la position est elle-même directement au-dessus du pôle Nord terrestre. La rotation de la Terre autour de son axe nord-sud est la cause du mouvement apparent des astres. Les plus proches des pôles semblent se déplacer beaucoup moins que ceux qui en sont plus éloignés.

Les coordonnées célestes

Les positions de tous les objets de l'espace sont mesurées dans le système dit de coordonnées équatoriales. On les repère par deux angles liés à l'équateur et à l'axe des pôles terrestres : la déclinaison et l'ascension droite. Les coordonnées locales sont déduites des coordonnées équatoriales en fonction de la latitude et de l'heure d'observation.

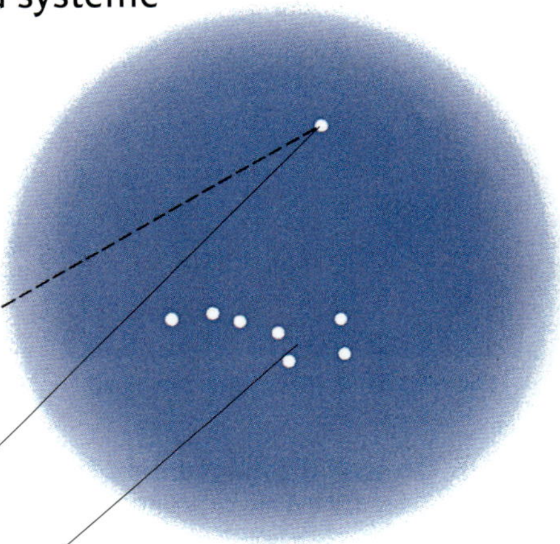

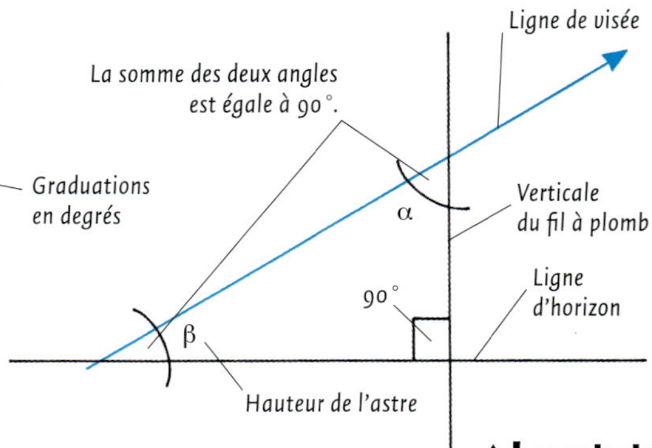

◀ Les mesures de hauteur
Le quadrant est un quart de cercle dont le côté courbe a été gradué en 90 degrés. Il existe des instruments similaires, comme le sextant, qui matérialise un sixième de cercle. En pointant un objet à travers des viseurs alignés le long d'un des bords droits du quadrant, l'observateur peut mesurer la hauteur dudit objet. Ce n'est pas une mesure linéaire, elle s'exprime en degrés et correspond à la hauteur d'un astre au-dessus de l'horizon. Le fil à plomb qui pend du sommet du quadrant croise l'arc gradué selon un angle α, et fait avec le plan de l'horizon un angle de 90°. On peut donc calculer facilement la valeur de l'angle β de la hauteur.

▲ Les calculs
La ligne de visée, l'horizon et le fil à plomb forment un triangle rectangle. La somme des angles d'un triangle étant égale à 180°, la hauteur (déclinaison) recherchée est égale à la différence entre 90° et l'angle a indiqué par le fil à plomb. Dans le cas du quadrant ci-dessus, toutefois, l'angle β de la hauteur de l'astre peut se lire directement sur l'instrument : il correspond à l'angle β' complémentaire de l'angle α.

Où est l'étoile Polaire? ▶

Pour localiser une étoile, les astronomes ont besoin de ses coordonnées célestes. L'étoile Polaire est un point de repère utile parce qu'elle indique la direction du pôle céleste Nord. L'angle mesuré entre la direction d'une étoile et l'équateur céleste s'appelle la déclinaison (il vaut 0° à l'équateur céleste, et 90° au pôle). Un observateur qui regarde l'étoile Polaire près du cercle arctique la voit très haut dans le ciel ; elle apparaît à l'inverse très près de l'horizon si l'on se place sur l'équateur. Dans le Pacifique Sud, on ne la voit jamais.

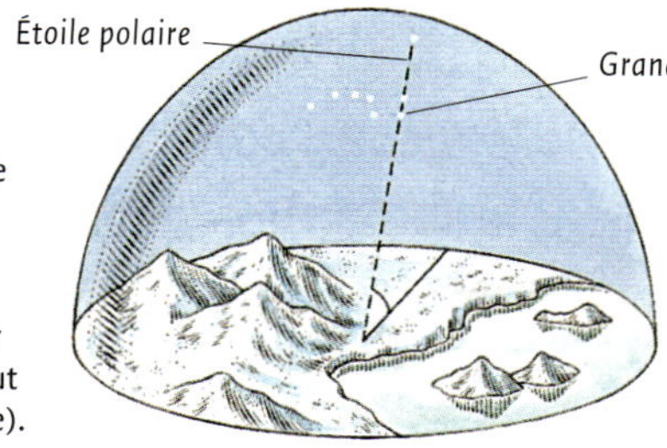

Latitude 80° (au Groenland)

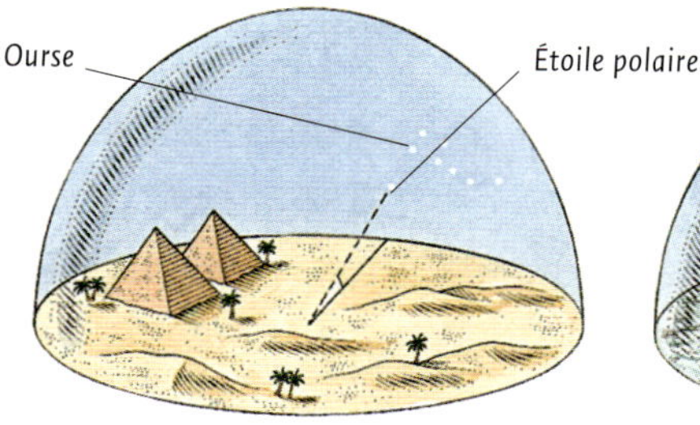

Latitude 30° (en Egypte)

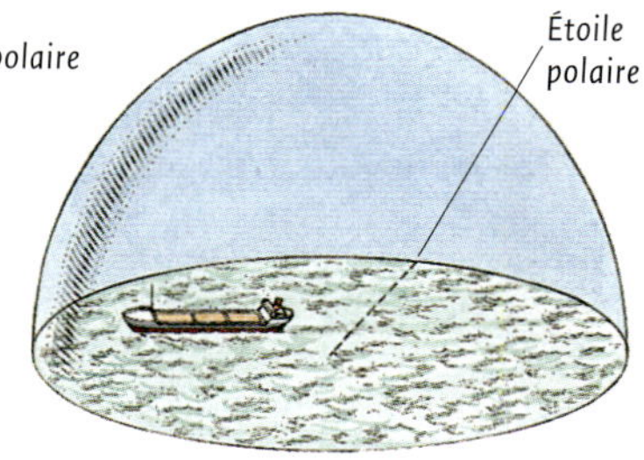

Latitude 0° (à l'équateur)

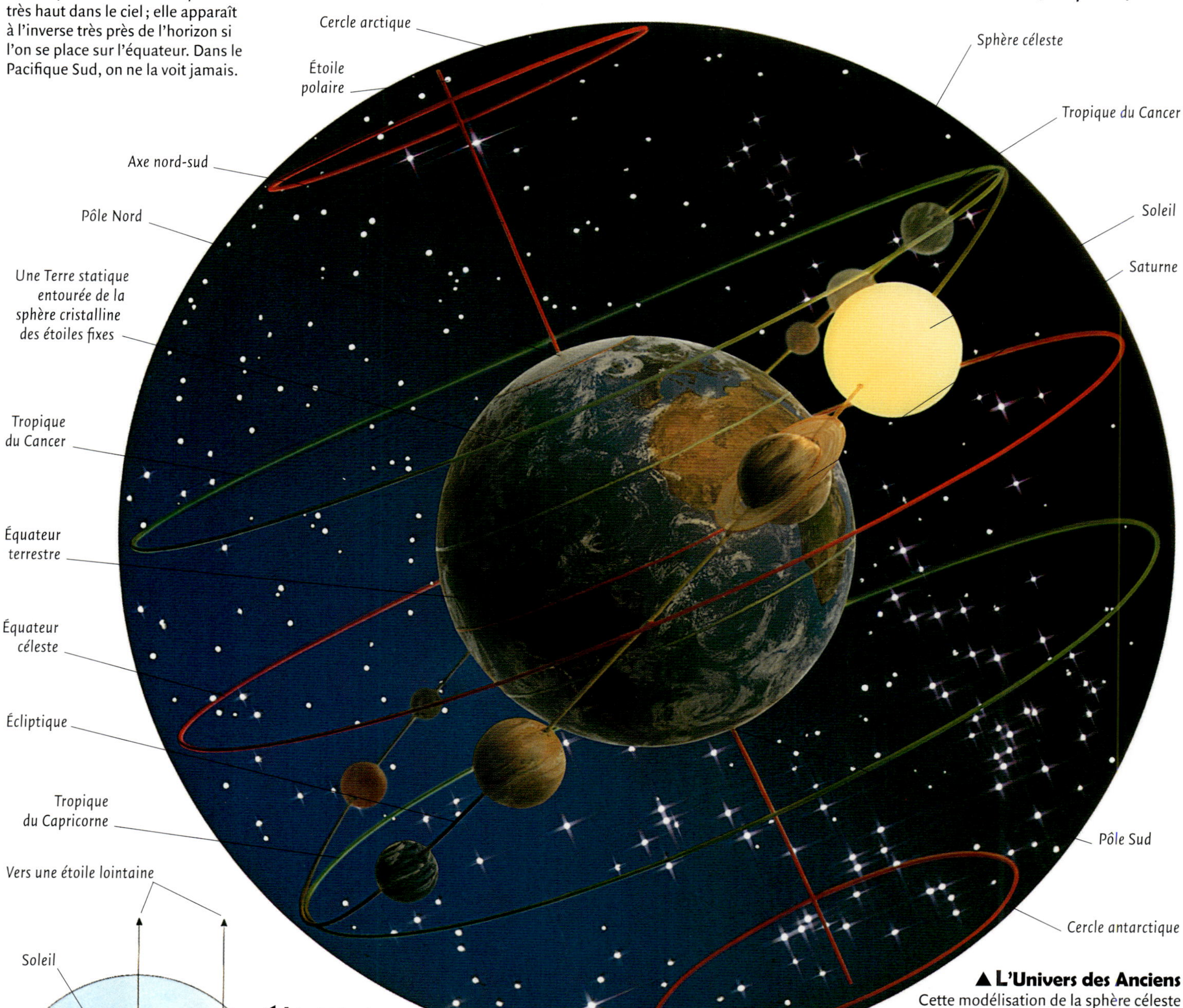

▲ L'Univers des Anciens

Cette modélisation de la sphère céleste montre comment les Anciens, percevaient l'Univers. Toutes les planètes semblent voyager dans la même bande du ciel que le Soleil. Comme les éclipses avaient toujours lieu le long de ce cercle, il fut appelé l'écliptique. Le cercle de l'écliptique semble incliné de 23,5° par rapport au plan de l'équateur. Lorsque le Soleil parcourt l'écliptique, c'est en traversant la constellation du Cancer qu'il atteint sa position la plus haute vers le nord, et dans celle du Capricorne qu'il atteint sa position la plus basse vers le sud. Ces points permirent de définir les tropiques et leur nom.

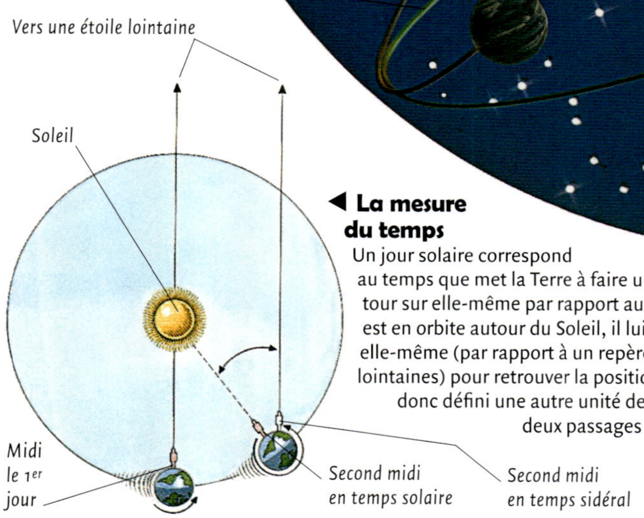

◀ La mesure du temps

Un jour solaire correspond au temps que met la Terre à faire un tour sur elle-même par rapport au Soleil. Comme la Terre, en plus de sa rotation, est en orbite autour du Soleil, il lui faut, en réalité, un peu plus d'un tour sur elle-même (par rapport à un repère absolu lié aux directions fixes des étoiles lointaines) pour retrouver la position du midi au Soleil. Les astronomes ont donc défini une autre unité de temps : le jour sidéral, temps qui sépare deux passages consécutifs d'une étoile au-dessus du méridien du lieu. Un jour sidéral dure 23 h 56 min, tandis que le jour solaire qui rythme notre vie dure exactement 24 h.

L'astronomie et ses applications

Avec toutes les ressources de la technologie moderne, il nous est parfois difficile d'imaginer comment les hommes effectuaient des tâches élémentaires comme la mesure du temps ou de leur position sur Terre avant l'invention de l'horloge, des cartes ou des satellites de navigation. Les seuls outils disponibles étaient ceux fournis par la nature. Les faits astronomiques tels que la durée régulière du jour, la constance des mouvements des étoiles fixes et les postulats de certaines théories, comme la sphéricité de la Terre, permettaient aux gens de rythmer leur vie et d'en évaluer la durée. En calculant la hauteur du Soleil ou de certaines étoiles, les Grecs anciens commencèrent à comprendre la forme et la taille de la Terre. Ils étaient ainsi capables de déterminer leur latitude (p. 26-27). En plaçant des coordonnées sur le globe, ils pouvaient fixer leur position sur la surface terrestre. En installant des indicateurs soigneusement gradués, ou gnomons, ils ont mesuré le temps au cours de la journée.

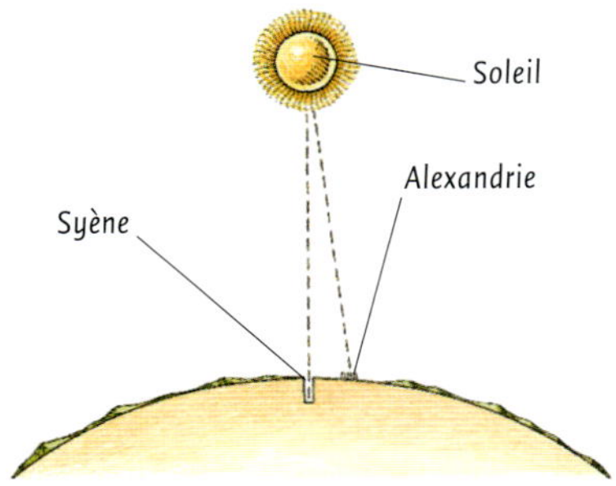

▲ Mesurer la Terre
Ératosthène (v. 284-v. 192 av. J.-C.), en utilisant l'ombre projetée par un bâton, s'aperçut qu'à midi, le jour du solstice d'été, à Syène (aujourd'hui Assouan) en Haute-Égypte, le Soleil était à la verticale d'un puits. À Alexandrie, au nord, le Soleil était le même jour à environ 7° du point le plus haut (le zénith). Comme il savait que la Terre est sphérique (360° de circonférence), la distance entre ces deux villes lui permit de calculer la circonférence du globe.

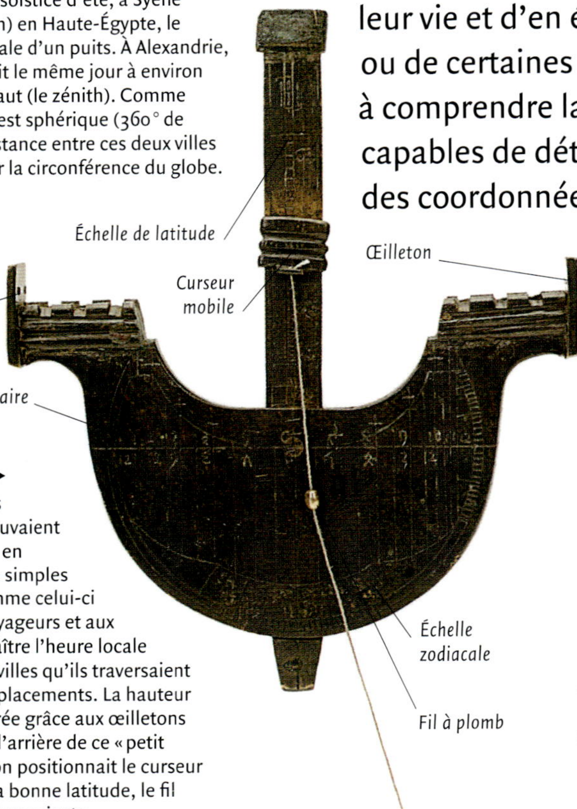

Un ancien cadran solaire ▶
Très tôt, les hommes comprirent qu'ils pouvaient fractionner le temps en utilisant le Soleil. De simples cadrans solaires comme celui-ci permettaient aux voyageurs et aux négociants de connaître l'heure locale dans les différentes villes qu'ils traversaient au cours de leurs déplacements. La hauteur du Soleil était mesurée grâce aux œilletons placés à l'avant et à l'arrière de ce « petit bateau ». Lorsque l'on positionnait le curseur du mât du navire à la bonne latitude, le fil à plomb indiquait l'heure juste.

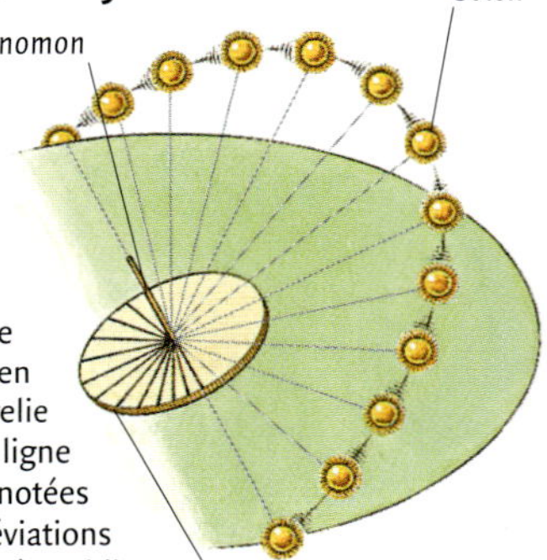

Comment fonctionne un cadran solaire ? ▶
À mesure que le Soleil traverse le ciel, l'ombre qu'il produit change de direction et de longueur. Le principe du cadran consiste à mettre en place un gnomon (une tige verticale) de telle façon que son ombre projetée à midi tombe parallèlement au méridien (un méridien est une ligne imaginaire qui relie les pôles Nord et Sud, on l'appelle aussi ligne de longitude). Les heures peuvent alors être notées de part et d'autre de la ligne du midi. Les abréviations anglaises « a.m. » et « p.m. », pour le matin et l'après-midi, proviennent des mots latins *ante meridiem* et *post meridiem*, qui signifient avant et après le passage du Soleil au méridien.

▲ À travers le Pacifique Sud
Les centaines d'îles du Pacifique formant la Polynésie furent occupées par l'homme il y a –2000 à –1000 ans. Ces peuples naviguaient sur des canoës en utilisant les étoiles et la périodicité des mouvements des vagues. Nombre de tribus polynésiennes, dont les Maoris de Nouvelle-Zélande, étaient ainsi capables de parcourir des milliers de kilomètres en se guidant sur les étoiles.

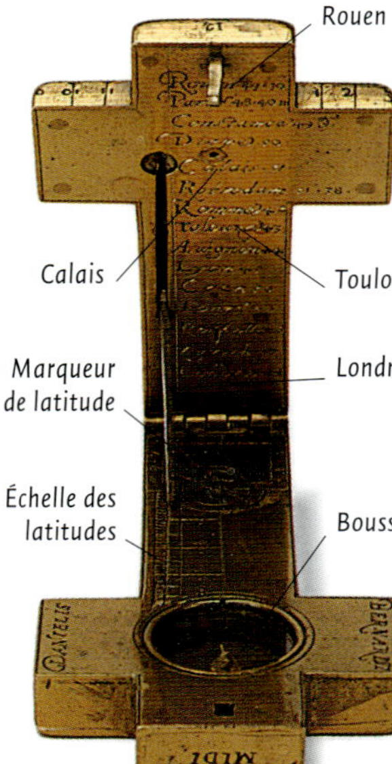

◀ Cadran de pèlerin
Les cadrans solaires étaient généralement très décorés, couverts d'images et de signes empruntés aux fables et à l'astrologie. Or, d'après les commandements chrétiens, tout ornement devait être considéré comme un symbole de vanité. Les pèlerins soucieux de se conformer aux règles emportaient donc des cadrans de conception strictement religieuse. Le cadran cruciforme ci-contre permettait de connaître l'heure dans un certain nombre de villes françaises et anglaises.

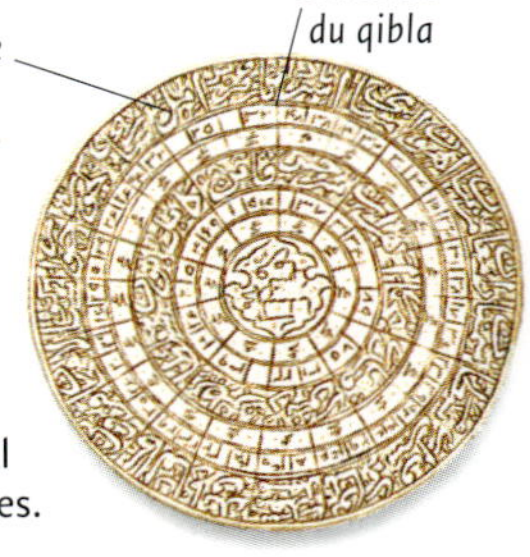

Pour trouver La Mecque ▶▼
Une partie du culte islamique consiste en prières régulières pour lesquelles on doit se tourner vers la Ville sainte. Le qibla est un instrument sophistiqué qui fut conçu au Moyen Age pour trouver la direction de La Mecque. Il utilise aussi le Soleil pour déterminer le début et la fin des prières.

Un qibla et son couvercle

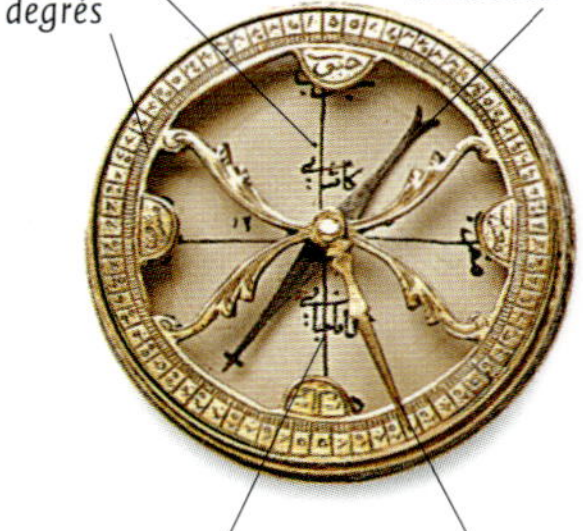

Globe céleste (1618)

◀ Le globe céleste

Cette sphère montre les figures et les étoiles de toutes les constellations sur une grille représentant les lignes de longitude et de latitude. Pendant le XVIIe et le XVIIIe siècle, tous les navires de la Compagnie hollandaise des Indes orientales possédaient à leur bord les deux globes, céleste et terrestre (p. 10). Les navigateurs pouvaient calculer leur position en mer en comparant les coordonnées sur les deux globes. Mais la plupart préféraient utiliser une carte marine, plus pratique, pour noter leurs parcours.

▲ Les grands aventuriers

Les explorateurs du XVIe siècle n'avaient aucune idée de ce qu'ils allaient trouver en s'engageant sur la mer. Les histoires de sirènes et de monstres marins faisaient bon ménage avec les instruments scientifiques de navigation. Bien que le navigateur portugais Fernand de Magellan (1480-1521) figure sur cette gravure entouré de créatures fantastiques, on le voit utiliser une paire de compas à pointes sèches pour mesurer une sphère armillaire (p. 11). À côté du bateau brille le dieu solaire Apollon ; c'était souvent la position du Soleil qui aidait les navigateurs à trouver leur latitude.

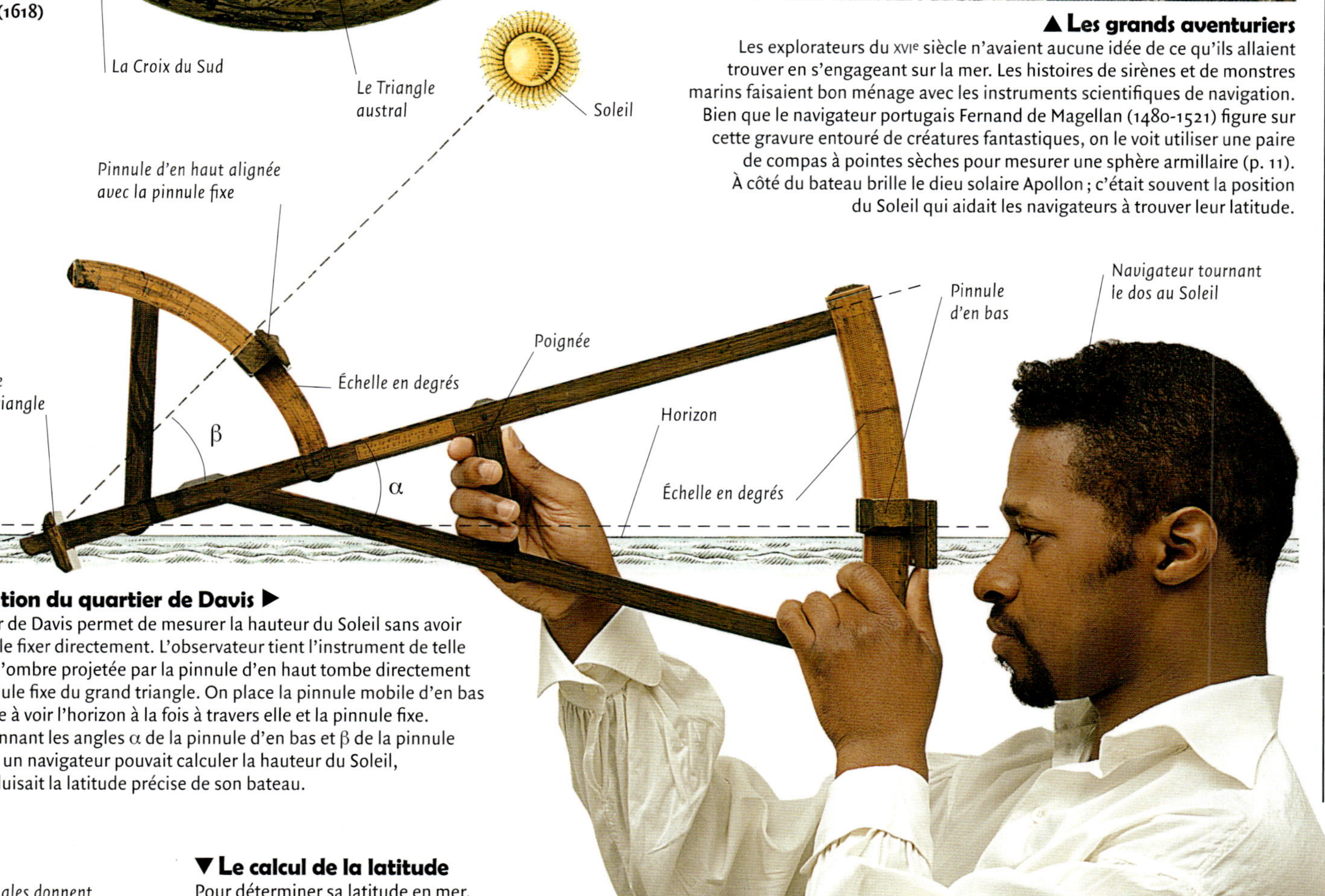

L'utilisation du quartier de Davis ▶

Le quartier de Davis permet de mesurer la hauteur du Soleil sans avoir besoin de le fixer directement. L'observateur tient l'instrument de telle sorte que l'ombre projetée par la pinnule d'en haut tombe directement sur la pinnule fixe du grand triangle. On place la pinnule mobile d'en bas de manière à voir l'horizon à la fois à travers elle et la pinnule fixe. En additionnant les angles α de la pinnule d'en bas et β de la pinnule d'en haut, un navigateur pouvait calculer la hauteur du Soleil, d'où il déduisait la latitude précise de son bateau.

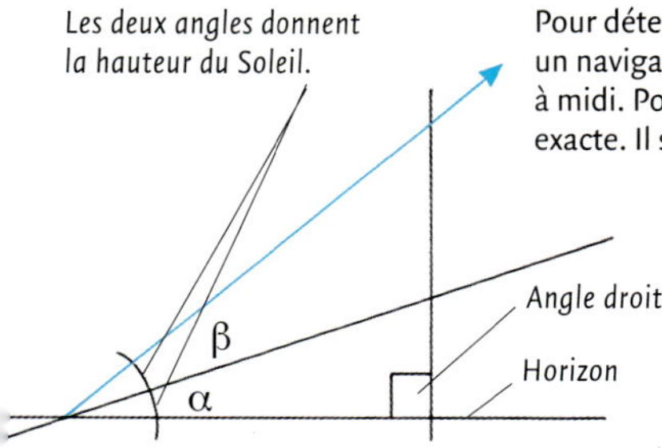

▼ Le calcul de la latitude

Pour déterminer sa latitude en mer, un navigateur doit relever la hauteur du Soleil à midi. Pour cela, inutile de connaître l'heure exacte. Il suffit d'effectuer la mesure à l'aide d'un quartier de Davis ou tout autre instrument (p. 12) lorsque l'astre du jour est à son plus haut point dans le ciel. Ensuite, en utilisant des tables nautiques de coordonnées célestes, on détermine la latitude par une simple équation à partir de l'angle de hauteur et des coordonnées du Soleil sur la sphère céleste (p. 13).

L'astrologie

Le terme astrologie dérive des mots grecs *astron*, qui signifie « étoile », et *logos*, « discours ». Depuis l'époque babylonienne, les hommes étaient convaincus, en regardant le ciel nocturne, que les mouvements réguliers des astres étaient l'indication d'un grand dessein cosmique. Prêtres et savants croyaient qu'en cartographiant les étoiles et leurs mouvements, ils pourraient décoder ces messages et comprendre les dispositions qui ont un effet sur le passé et l'avenir. Au départ, l'observation astronomique des étoiles ou des planètes était donc indissociable de l'astrologie et c'était l'astronome officiel qui préparait les horoscopes. De nos jours, les chercheurs considèrent l'astrologie comme une superstition. Ils n'ont jamais découvert la preuve tangible d'une influence des astres sur notre personnalité et notre destinée. En revanche, durant la plus grande partie du Moyen Âge, alors que la science pure était en profonde hibernation, c'est l'astrologie et le désir de connaître l'avenir qui maintinrent l'astronomie en vie, les tables et les éphémérides des planètes étant sans cesse remises à jour.

▲ L'astrologue
Dans l'Antiquité, la tâche de l'astrologue était de prédire l'avenir. Il utilisait des représentations du Soleil, de la Lune et des planètes pour identifier les influences astrales sur les existences humaines. Cette gravure sur bois de 1490 montre un astrologue en consultation.

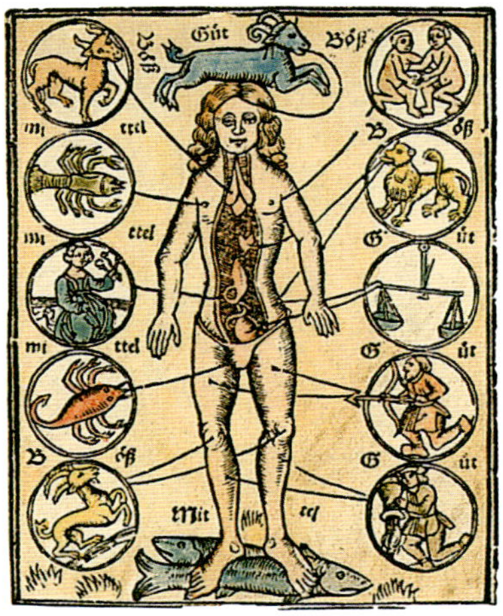

▲ Zodiaque et santé
Jusqu'aux découvertes de la science moderne, on croyait que le corps était gouverné par quatre liquides organiques appelés humeurs. Chacun des douze signes du zodiaque (ci-dessus) avait des liens privilégiés avec chacune des « humeurs » et avec les parties du corps humain. Ainsi, une migraine due à « de l'humidité dans la tête » (un rhume) était traitée par un agent asséchant, tel qu'une plante soumise à l'influence du Soleil ou d'un « signe de Terre » comme la Vierge, par exemple.

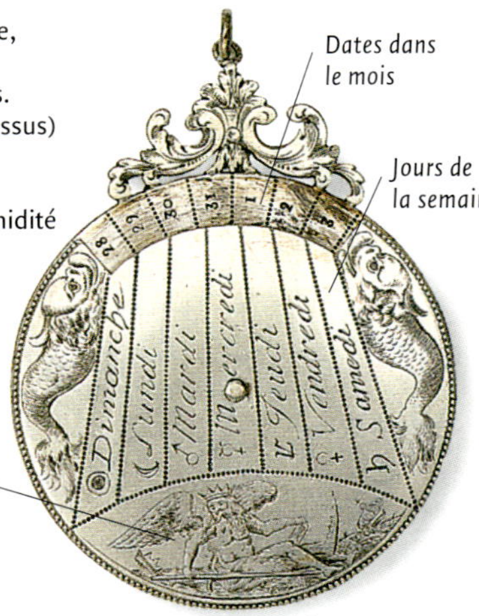

Dos du calendrier

◄▲ Un calendrier perpétuel
Ce simple calendrier perpétuel donne le jour de la semaine – auquel correspond un petit signe planétaire – pour n'importe quelle date. L'utilisateur trouve le jour en tournant le cadran intérieur jusqu'à un mois ou une date donné(e). Les jours de la semaine portent les noms des astres errants : le lundi est le jour de la Lune, le mardi est celui de Mars, etc.

▲ *Leo*, le Lion
Ces cartes anglaises du XIXe siècle présentent des constellations du zodiaque. Du point de vue astrologique, chaque signe a ses propres attributs et des affinités ou inimitiés spécifiques à l'intérieur du cercle du zodiaque. Chacun est aussi dirigé par une planète qui, de la même façon, a ses attributs et est en conjonction ou en opposition avec les autres planètes. Ainsi, on suppose qu'une personne née pendant que le Soleil traversait la constellation du Lion est royale comme un lion.

La position des planètes ▶

Les planètes sont en harmonie ou non suivant leur disposition dans le ciel. Lorsque l'on trouve deux planètes à seulement quelques degrés l'une de l'autre, on dit qu'elles sont en conjonction. Quand elles sont séparées par exactement 180° à l'intérieur de la bande du zodiaque, on dit qu'elles sont en opposition.

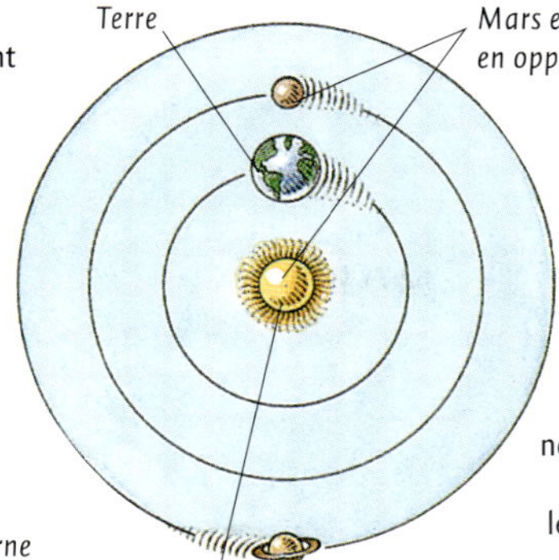

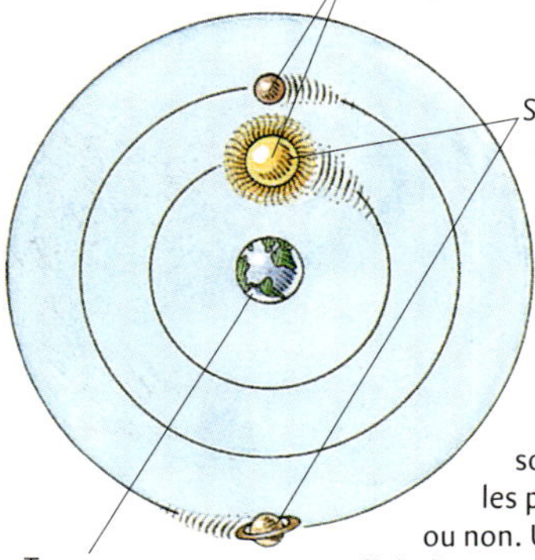

◀ Être en conjonction

On montre ici les planètes dans un Univers géocentrique (p. 10-11), où la Terre est au centre. Les conjonctions sont bonnes ou mauvaises selon que les planètes impliquées sont en phase ou non. Une opposition passe pour maléfique ou diabolique parce que deux planètes s'affrontent.

Le thème astral ▼

Vus de la Terre, le Soleil, la Lune et toutes les planètes semblent voyager le long d'une bande étroite, l'écliptique (p. 13), et traverser un certain nombre de constellations limitées à douze depuis l'époque babylonienne et connues sous le nom de zodiaque. D'après les astrologues, la disposition des planètes dans cette bande le jour de notre naissance définit notre thème astral et détermine les grandes lignes de notre personnalité, nos forces et nos faiblesses, nos dispositions aux maladies, pour certains métiers et pour la vie amoureuse.

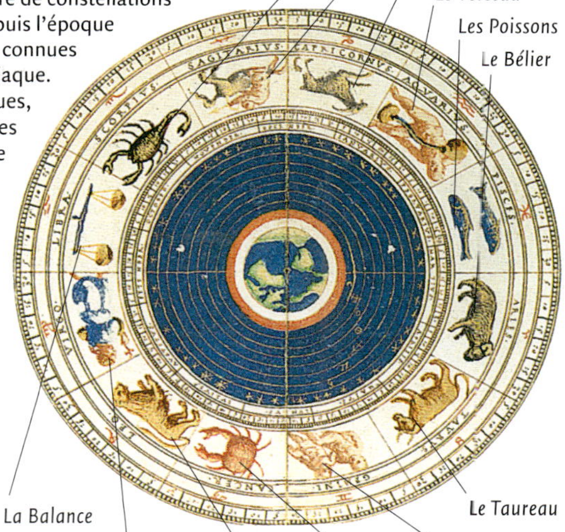

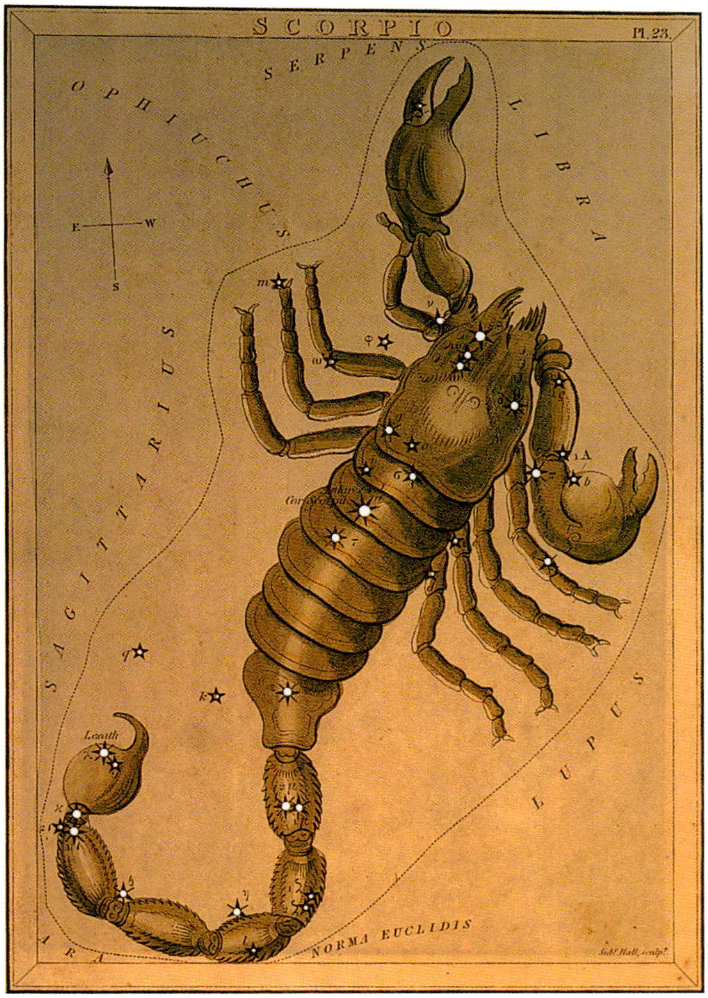

▲ *Scorpius,* le Scorpion

La plupart des noms de constellations, comme ceux des planètes, sont issus de la Grèce antique. On les connaît aujourd'hui généralement sous leur traduction latine. Cette carte montre *Scorpius*, le Scorpion. Pour les astrologues, les gens nés à la période de l'année qui lui correspond sont intuitifs, secrets, comme un scorpion détalant sous un rocher. Le Soleil est dans le Scorpion de fin octobre à fin novembre.

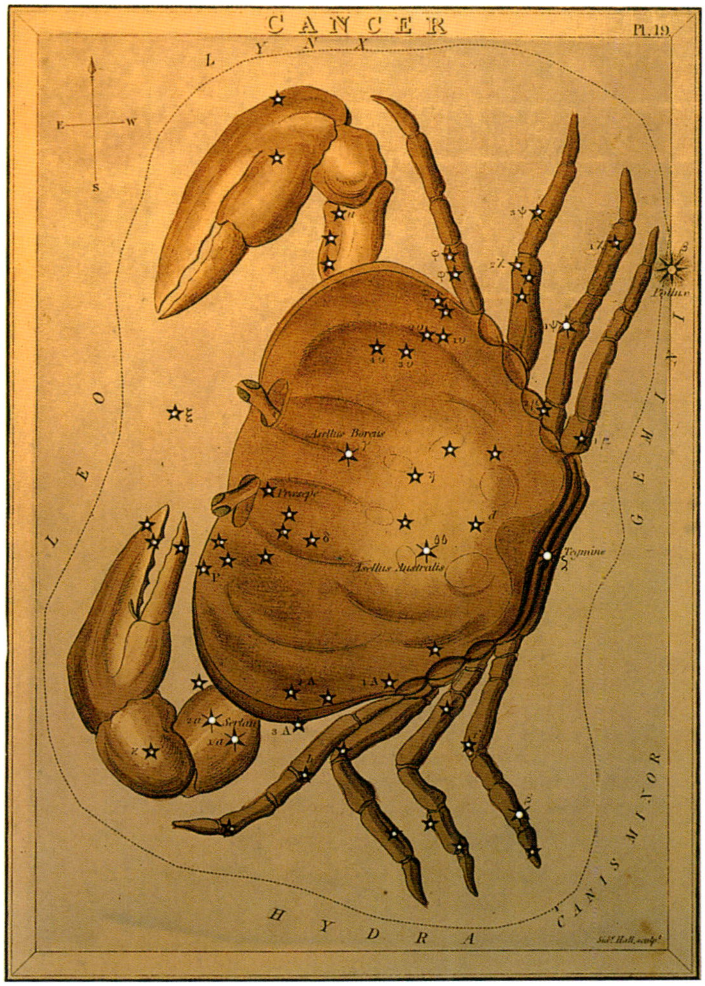

▲ *Cancer,* le Crabe

Le Soleil passe dans la constellation du Cancer en juillet et l'on suppose que les natifs du Cancer sont casaniers comme un crabe dans sa carapace. Toutes les étoiles représentées sur ces cartes appelées « miroir d'Uranie » – Uranie étant la muse de l'Astronomie (p. 19) – sont percées d'un trou, et il suffit de maintenir les cartes devant une source lumineuse pour observer leurs formes et leur relative brillance.

La révolution copernicienne

En 1543, Nicolas Copernic publia *De revolutionibus orbium coelestium* (« Des révolutions des orbes célestes »), un livre qui changea la perception de l'Univers. Il y soutenait que c'est le Soleil, et non la Terre, qui était au centre de l'Univers. Il s'agissait d'un Univers héliocentrique, *helios* signifiant « Soleil » en grec. Son raisonnement était fondé sur la logique du temps. Il affirmait qu'une sphère se déplace dans un cercle qui n'a ni commencement ni fin. Puisque l'Univers et tous les corps célestes sont sphériques, leur mouvement devait être circulaire et uniforme. Dans le système géocentrique de Ptolémée (p. 10-11), les trajectoires des planètes sont irrégulières. Copernic supposait que les mouvements uniformes des planètes sur leurs orbites nous apparaissent irréguliers parce que la Terre n'est pas au centre de l'Univers. De nombreux astronomes prirent parti pour ces découvertes, mais ils allaient ainsi à l'encontre des enseignements des Églises catholique et protestante. En 1616, tous les livres, écrits par Copernic ou d'autres, qui plaçaient le Soleil au centre de l'Univers furent condamnés par l'Église catholique.

Nicolas Copernic ▲
L'astronome polonais Nicolas Copernic (1473-1543) commença ses études à Cracovie avant de partir, à 23 ans, pour l'Italie et les universités de Bologne, puis Padoue, où il étudia le droit canon, le droit civil et la médecine tout en s'intéressant principalement aux mathématiques et à l'astronomie. Il lut les philosophes anciens et découvrit qu'aucun accord n'existait entre eux sur la question de la structure de l'Univers.

▲ L'Univers de Copernic
L'ordre du Système solaire de Copernic repose sur le temps que met chaque planète à parcourir une orbite complète. Cette gravure ancienne montre la Terre et les cinq autres planètes connues à l'époque, en orbite autour du Soleil, le zodiaque étant placé au-delà.

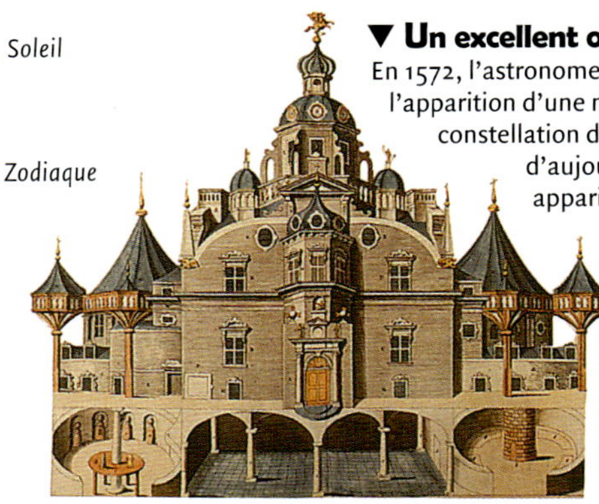

Uraniborg, l'observatoire de Tycho Brahé sur l'île de Hveen

▼ Un excellent observateur
En 1572, l'astronome danois Tycho Brahé (1546-1601) observa l'apparition d'une nouvelle étoile extrêmement brillante dans la constellation de Cassiopée. Il s'agissait de ce que les astronomes d'aujourd'hui appellent une supernova (p. 61). Cette apparition remettait en question la croyance héritée des Anciens qui voulait que les étoiles fussent éternelles et immuables. Pour étudier cette nouvelle venue, on construisit un observatoire près de Copenhague. Brahé y étudia 1 005 étoiles du grand catalogue de Ptolémée et conçut le premier atlas stellaire complet de l'époque moderne.

Comment dessiner une ellipse ▼
On plante deux pointes dans un carton et on les relie avec une boucle de ficelle. En plaçant un crayon à l'intérieur de la boucle et en tournant autour des pointes en maintenant la ficelle tendue, on dessine une ellipse. La position de chaque pointe est appelée foyer. Dans le Système solaire, le Soleil se trouve à l'un des foyers de l'orbite elliptique d'une planète. Plus les foyers sont éloignés, plus l'orbite planétaire est excentrique (p. 36-37).

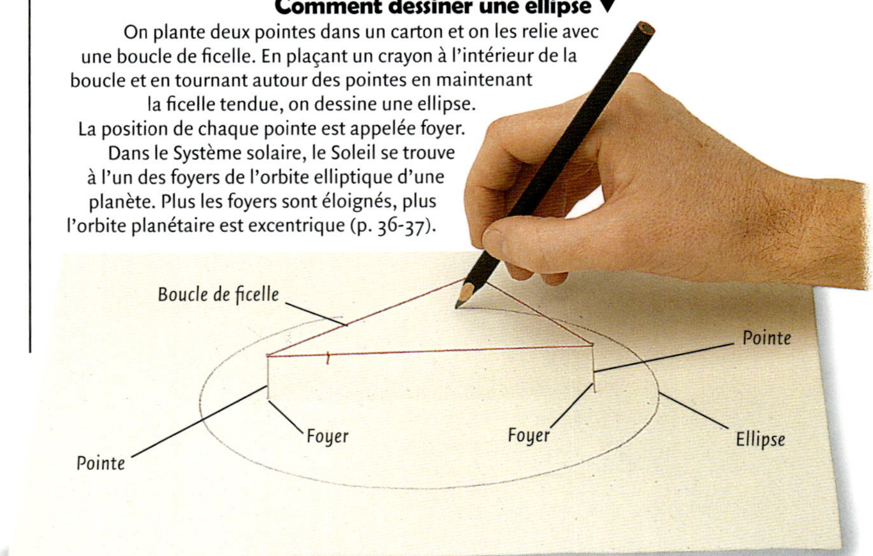

Les lois de Kepler ▶
Tycho Brahé effectua les observations les plus précises qu'il était possible de réaliser avant l'invention de la lunette astronomique. Johannes Kepler ajouta les résultats de ses propres observations stellaires et planétaires aux mesures perfectionnées de Brahé. Il découvrit que les orbites des planètes n'étaient pas circulaires, comme on le croyait depuis 1 600 ans, mais elliptiques, le Soleil étant placé à l'un des foyers de l'ellipse. En observant l'orbite de Mars, Kepler découvrit des variations dans la vitesse de la planète. Il comprit bientôt que le Soleil régulait sa vitesse orbitale. C'est lorsqu'elle est au plus près du Soleil, au périhélie, que la planète va le plus vite ; à l'aphélie, le point le plus éloigné du Soleil, la vitesse est minimale.

◀ Johannes Kepler (1571-1630)

Tycho Brahé légua tous ses travaux à Johannes Kepler, qui était un fervent défenseur du système héliocentrique de Copernic. Le mathématicien allemand formula trois lois des mouvements planétaires et encouragea Galilée (p. 20) à publier ses recherches afin d'apporter des preuves de la thèse de Copernic. C'est grâce à l'intervention de Tycho Brahé que Kepler entra en 1601 à la cour de Rodolphe II à Prague, avec le titre prestigieux de mathématicien impérial.

Image projetée de la trajectoire apparente de Mars dans un planétarium

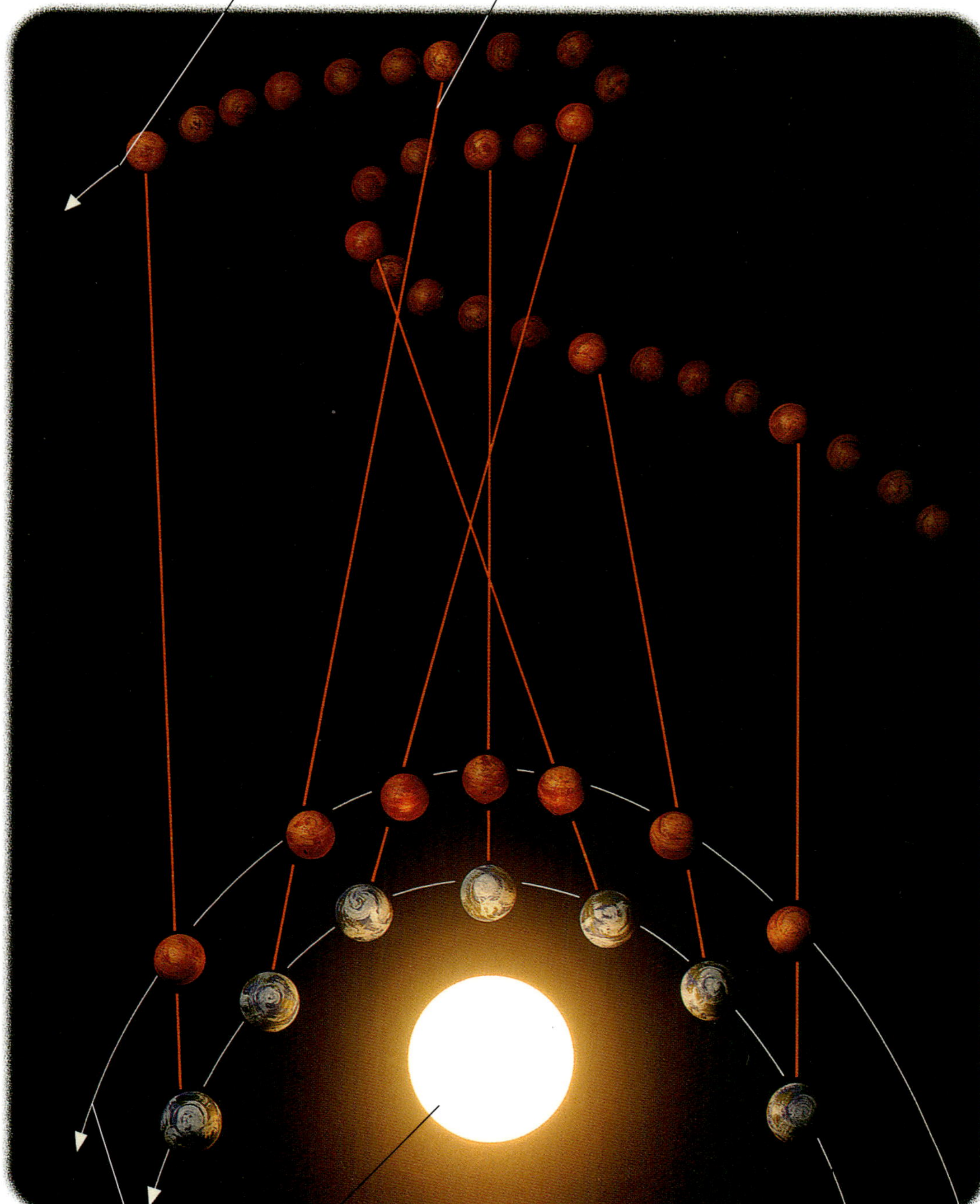

Modélisation montrant les orbites réelle et apparente de Mars vues de la Terre

◀▲ Trajectoires apparentes

Ce furent les phénomènes irréguliers comme les mouvements rétrogrades des planètes qui mirent en doute le système géocentrique. Vues de la Terre, un certain nombre de planètes, dont Mars, semblent effectuer des allers et retours sur leurs orbites et suivre de grandes boucles (la courbe lumineuse ci-dessus dessine l'orbite apparente de Mars). Ptolémée expliquait les mouvements rétrogrades des planètes en rajoutant des épicycles (p. 11) à leurs trajectoires. Une fois que les astronomes eurent admis le Soleil comme centre du Système solaire, ils purent expliquer la trajectoire apparente de Mars. Mais la première chose à comprendre était que la vitesse orbitale la Terre autour du Soleil était plus grande que celle de Mars. Au fur et à mesure que la Terre se rapproche de Mars et la dépasse, cette dernière semble décrire dans le ciel terrestre une trajectoire marquée par un bref retour en arrière – un mouvement rétrograde – avant de repartir dans son sens initial. Tout cela n'est qu'apparence.

▲ Soupeser les théories

Cette gravure du XVIIe siècle montre Uranie, la muse de l'Astronomie, comparant les théories de la structure de l'Univers. Le système de Ptolémée est à ses pieds, et celui de Kepler pèse moins que le système de Tycho Brahé (à droite).

De grands intellectuels

Il faut à la fois de la chance et de l'intelligence pour être un penseur d'avant-garde. L'Italien Galileo Galilei, dit Galilée (1564-1642), eut la malchance d'être un esprit brillant à une époque où les idées nouvelles étaient perçues comme dangereuses. Ses observations à l'aide de sa lunette nouvellement inventée, fournissaient des arguments en faveur de l'Univers héliocentrique (centré sur le Soleil) de Copernic (p. 18-19). Ses découvertes à propos des satellites de Jupiter (p. 50) ou des phases de Vénus montraient clairement que la Terre ne pouvait être au centre de tous les mouvements observés dans l'Univers et que le comportement des corps célestes n'était pas parfait. Pour ses écrits, Galilée fut accusé d'hérésie et condamné pour désobéissance par l'Inquisition. L'Anglais Isaac Newton (1642-1727), né l'année de la mort de Galilée, eut plus de chance que son aîné. À son époque, on s'enthousiasmait pour les idées neuves et les découvertes scientifiques.

▲ La lunette de Galilée
Galilée n'a jamais proclamé avoir inventé la lunette. Dans *Il Saggiatore* (« L'Archer »), il fait l'éloge du « simple fabricant de lunettes de vue » qui « découvrit l'instrument » par hasard. Lorsqu'il entendit parler des résultats de Lippershey (p. 22), Galilée réinventa l'instrument à partir de la description de ses effets. Sa première lunette grossissait 8 fois. Après quelques jours seulement, il en construisit une nouvelle grossissant 20 fois. Il continua à accroître son grossissement jusqu'à 30 en polissant lui-même ses lentilles.

▲ Le pape Urbain VIII
À l'origine, l'Église avait bien accueilli le travail de Copernic (p. 18-19). Pourtant, à partir de 1563, elle abandonna sa première attitude de tolérance à l'égard des déviations par rapport à la doctrine établie. Urbain VIII fut un des acteurs de cette période de renversement. Lorsqu'il était cardinal, il entretenait des liens amicaux avec Galilée et se faisait même lire *Il Saggiatore* lors de ses repas. Pourtant, en 1635, changeant brusquement d'attitude, il autorisa l'Inquisition à saisir les travaux de l'astronome.

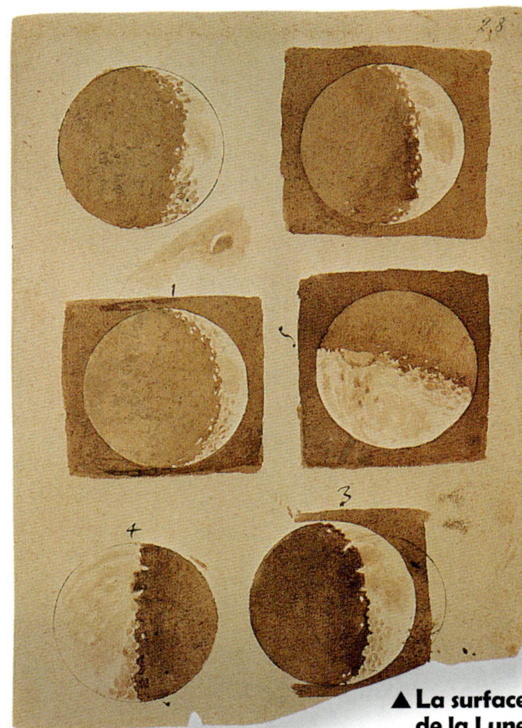

▲ La surface de la Lune
À travers sa lunette, Galilée observa, sur la Lune, des points lumineux au-delà du terminateur (ligne séparant les faces éclairée et non éclairée). S'ajoutant à ses observations de la longueur des ombres, cela démontrait la présence de montagnes sur la Lune. Ces eaux-fortes furent publiées dans son livre *Sidereus Nuncius* (« Le Messager céleste ») en 1610.

▲ Un libre-penseur
En 1611, Galilée se rendit à Rome pour discuter de ses observations avec les dirigeants de l'Église. Ceux-ci acceptèrent ses découvertes, mais pas ses théories qui confirmaient l'Univers héliocentrique de Copernic (p. 18-19). Le savant italien fut accusé d'hérésie en 1635, contraint à abjurer ses théories, et assigné à résidence jusqu'à sa mort, en 1642. Il ne fut officiellement pardonné par le Vatican qu'en 1992.

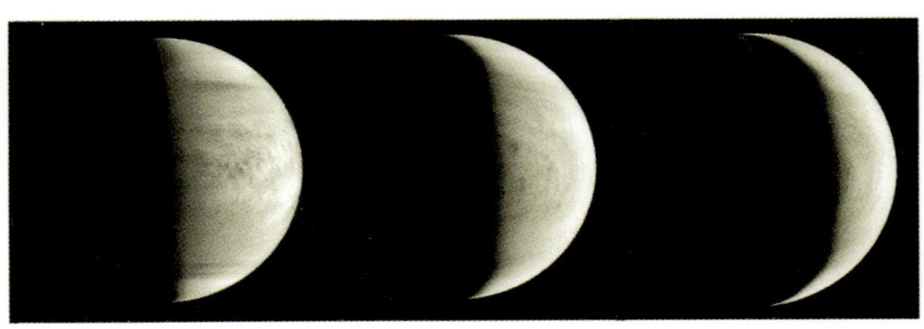

▲ Les phases de Vénus
En véritable scientifique, Galilée ne pouvait accepter les faits sans les prouver. En 1610, en appliquant l'usage de la lunette à l'astronomie, il découvrit les lunes de Jupiter et les phases de Vénus. Il comprit immédiatement que ces dernières étaient dues à la lumière du Soleil réfléchie par la planète, en orbite autour de lui. Il savait qu'il détenait là la preuve que la Terre n'était pas au centre de l'Univers et que les planètes tournaient en réalité autour du Soleil. Galilée protégea dans des anagrammes latines ses découvertes qu'il savait être « dangereuses » aux yeux des autorités.

▲ Newton et la lumière

En 1666, Isaac Newton, qui n'avait encore que 24 ans, se procura un prisme triangulaire afin d'étudier le « phénomène des couleurs » ; il décrivit alors pour la première fois l'effet de la décomposition de la lumière blanche en un spectre. Bien que la lumière blanche provînt d'un trou minuscule dans un volet, le spectre créé par celle-ci était étalé, le bleu se montrant plus fortement dévié que le rouge. Ses découvertes eurent d'importantes répercussions sur le développement du télescope (p. 22-25) et de la spectroscopie (p. 30-31).

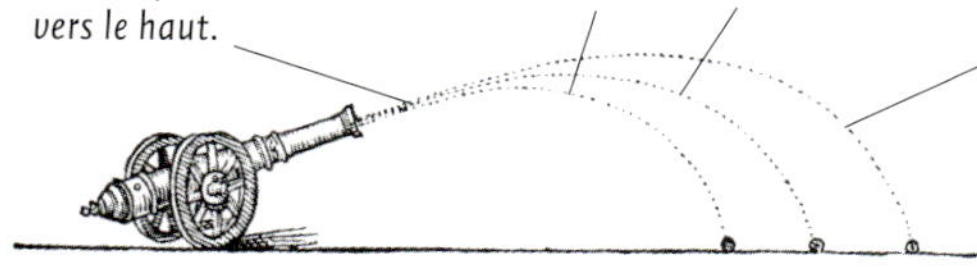

◀ La trajectoire d'un projectile

Les philosophes du Moyen Age ne comprenaient pas le mouvement des projectiles tels que les boulets tirés par un canon. C'est Galilée qui, le premier, étudia leur trajectoire. En réalité, un corps projeté est constamment attiré vers le bas par la gravité. À sa sortie du canon, le boulet part vers le haut, ralentit, puis arrête son ascension avant de retomber. Si l'on propulse un corps avec assez de force (par exemple une fusée), on peut le placer sur orbite.

La Lune et la gravité ▶

En voyant une pomme tomber d'un arbre, Newton comprit que la gravité qui avait attiré le fruit de l'arbre au sol pouvait étendre son pouvoir beaucoup plus loin, et même jusqu'à la Lune. Celle-ci reste en équilibre sur son orbite sous l'action de deux forces opposées : sa révolution et l'attraction terrestre. Si la gravité terrestre ne la retenait pas, la Lune s'échapperait en ligne droite à travers l'espace.

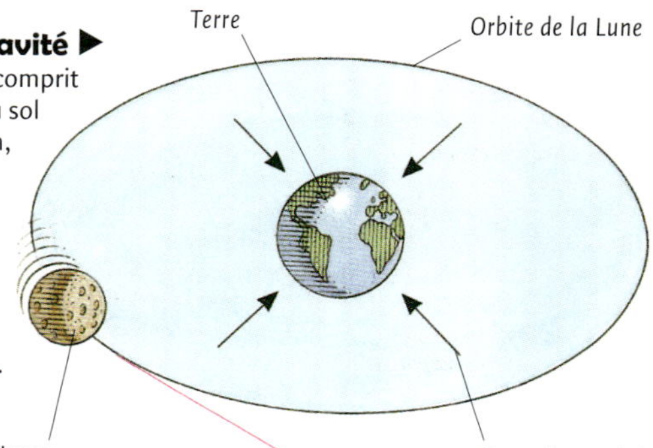

Vue latérale d'une réplique du télescope de Newton

Le télescope de Newton ▶

La conception du télescope de Newton est issue directement des expériences du physicien anglais sur la lumière. Newton savait qu'une lentille pouvait décomposer la lumière en ses constituants colorés et provoquer un phénomène d'aberration chromatique, ou de halos de lumière colorée (p. 23), autour de l'image de l'objet visé. En utilisant pour son télescope des miroirs à la place des lentilles, il supprimait ce problème. Son invention, publiée par la Royal Society en 1671, le rendit instantanément célèbre dans toute l'Europe.

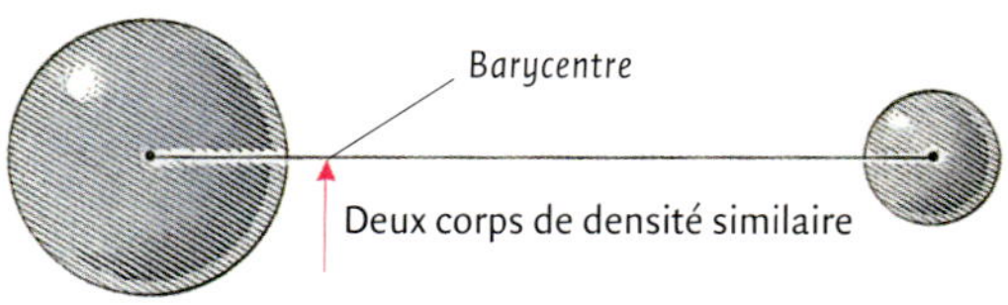

Deux corps de densité similaire

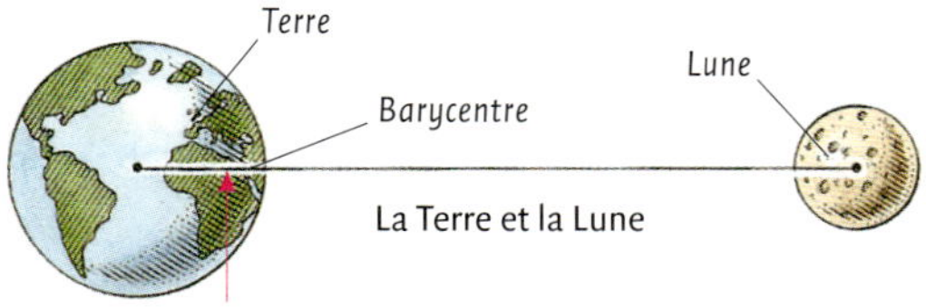

La Terre et la Lune

Le barycentre ▲

Newton comprit que la force qui fait tomber les objets et maintient les planètes sur leurs orbites autour du Soleil, c'est l'attraction gravitationnelle. Deux corps dont l'un est en orbite autour de l'autre tournent autour d'un même point : leur centre de masse (barycentre). Deux sphères de masses égales ont leur barycentre situé au milieu du segment qui joint leurs centres respectifs. Si la Terre et la Lune avaient la même densité (p. 45), leur barycentre se trouverait à l'extérieur du corps le plus grand. Mais comme la Terre est plus dense que la Lune, le point d'équilibre se situe à l'intérieur de la Terre.

Le télescope vu de face

Les principes de l'optique

Deux millénaires av. J.-C., les hommes avaient connaissance des propriétés grossissantes d'un morceau de verre courbe. Au Ve siècle avant notre ère, le philosophe grec Aristophane utilisait un globe de verre rempli d'eau pour agrandir les fines inscriptions qu'il peinait à lire. Dix-huit siècles plus tard, le scientifique anglais Roger Bacon (1214-1294) annonçait qu'« un segment de sphère de verre ou de cristal » pouvait faire apparaître des petits objets plus clairs et plus grands. Pour cela, Bacon fut jugé par ses pairs comme un magicien et emprisonné pendant dix ans. Bien que les lunettes de vue aient été inventées en Italie entre 1285 et 1300, les superstitions ont perduré 250 ans jusqu'à ce que soit découverte la combinaison des lentilles qui a conduit à l'invention de la lunette. Bientôt, deux types d'instruments furent développés : la lunette, qui utilise des lentilles déviant la lumière (réfraction), et le télescope dont les miroirs réfléchissent la lumière vers l'observateur (réflexion).

▲ L'inventeur de la lunette
On pense que la première véritable lunette a été inventée en Hollande en 1608 par un fabricant de lunettes de vue, Hans Lippershey. L'histoire veut que l'un des enfants de Lippershey qui jouait dans la boutique remarquât qu'en alignant deux lentilles il obtenait une image agrandie de la girouette de l'église. Lippershey plaça les deux lentilles dans un tube et annonça qu'il avait inventé la lunette. Vers 1555, un Anglais, Leonard Digges, avait créé un instrument qui, par une combinaison de miroirs et de lentilles, réfléchissait et agrandissait l'image des objets. Il y eut de nombreuses controverses pour savoir si c'était ou non une véritable lunette scientifique. Quoi qu'il en soit, c'est Galilée (p. 20) qui, en 1610, adapta la lunette à l'astronomie.

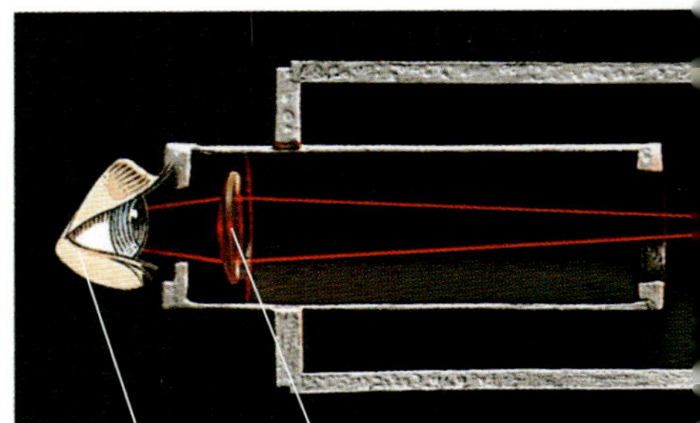

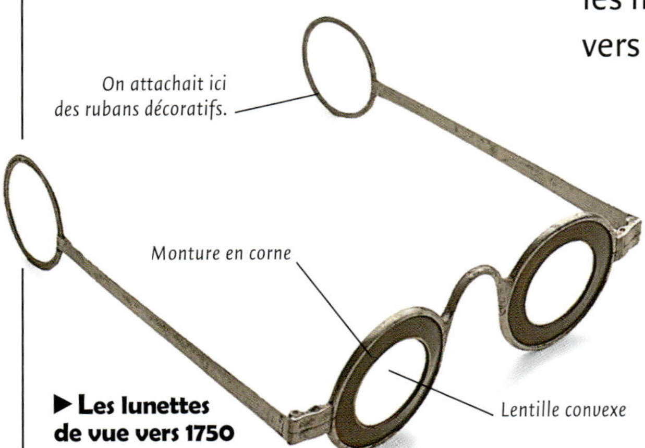

▶ Les lunettes de vue vers 1750
Les premières lunettes de vue étaient pourvues de lentilles convexes. Elles aidaient les gens ayant la vue « longue » à distinguer les objets proches. On fit plus tard des lunettes à lentilles concaves pour ceux qui avaient la vue « courte ».

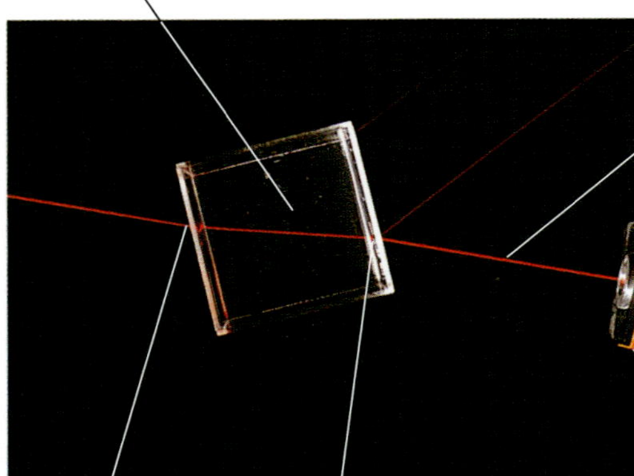

◀ Qu'est-ce que la réfraction ?
La lumière se déplace habituellement en ligne droite, mais elle est déviée, ou « réfractée », quand elle passe au travers de corps de densités différentes. Le rayon laser ci-contre (vu ici de dessus) change de direction lorsqu'on le pointe vers un récipient rectangulaire rempli d'eau, parce que la lumière traverse trois milieux différents : le verre, l'eau et l'air.

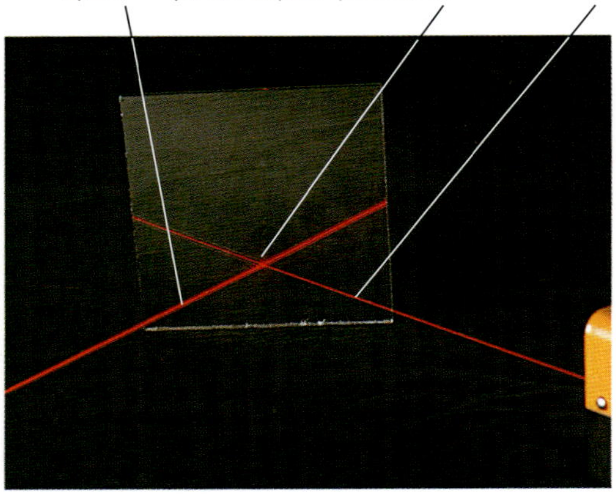

◀ Qu'est-ce que la réflexion ?
Réflexion vient du verbe latin *reflectere*, qui signifie « renvoyer en arrière ». Une surface réfléchissante renvoie le faisceau lumineux qui la rencontre. Les rayons qui arrivent sur un miroir sont qualifiés d'« incidents » et ceux qui le quittent de « réfléchis ». L'angle avec lequel le faisceau incident frappe le miroir est le même que celui avec lequel le faisceau réfléchi repart.

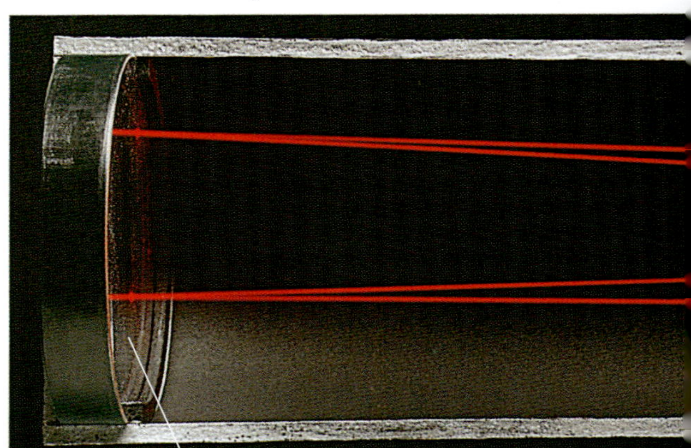

▲ John Dollond

Cet opticien anglais (1706-1761) fut le premier à perfectionner les lentilles achromatiques minimisant le problème de l'aberration chromatique et perfectionna en 1758 un procédé permettant de les fabriquer plus facilement.

L'aberration chromatique ▶

Quand la lumière passe à travers une lentille ordinaire, chaque couleur du spectre est déviée selon un angle différent, faisant apparaître des « arcs-en-ciel » autour des images. L'extrémité bleue du spectre étant plus déviée que la rouge, les deux couleurs se focalisent à des points différents. C'est l'aberration chromatique. En ajoutant une seconde lentille de densité différente, toutes les couleurs se focalisent au même point et le problème est résolu.

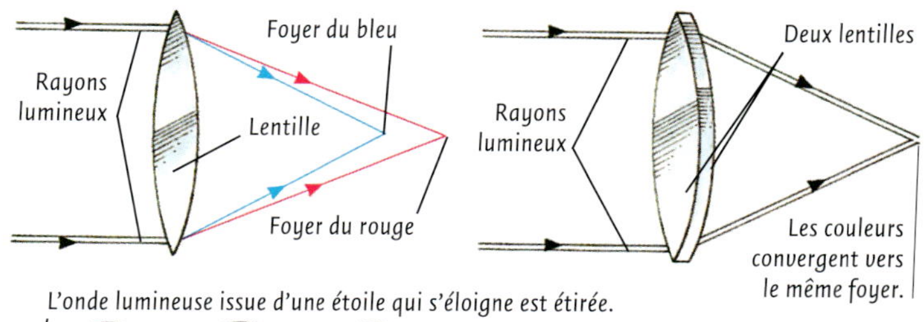

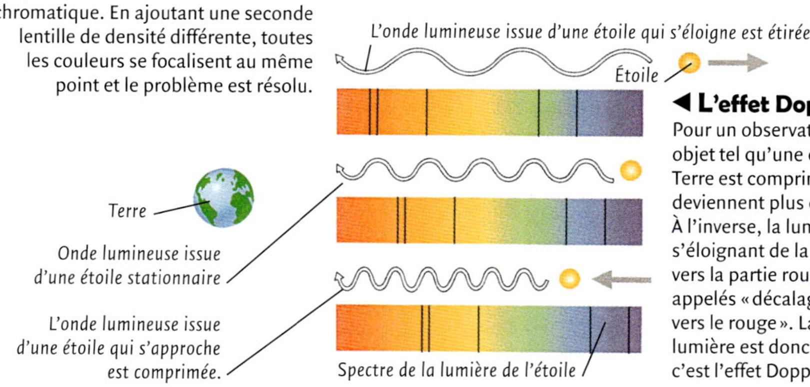

◀ L'effet Doppler-Fizeau

Pour un observateur terrestre, la lumière d'un objet tel qu'une étoile se rapprochant de la Terre est comprimée et ses longueurs d'onde deviennent plus courtes, tendant vers le bleu. À l'inverse, la lumière provenant d'un corps s'éloignant de la Terre est étirée et déplacée vers la partie rouge du spectre. Ces effets sont appelés « décalage vers le bleu » et « décalage vers le rouge ». La longueur d'onde de la lumière est donc affectée par le mouvement : c'est l'effet Doppler-Fizeau.

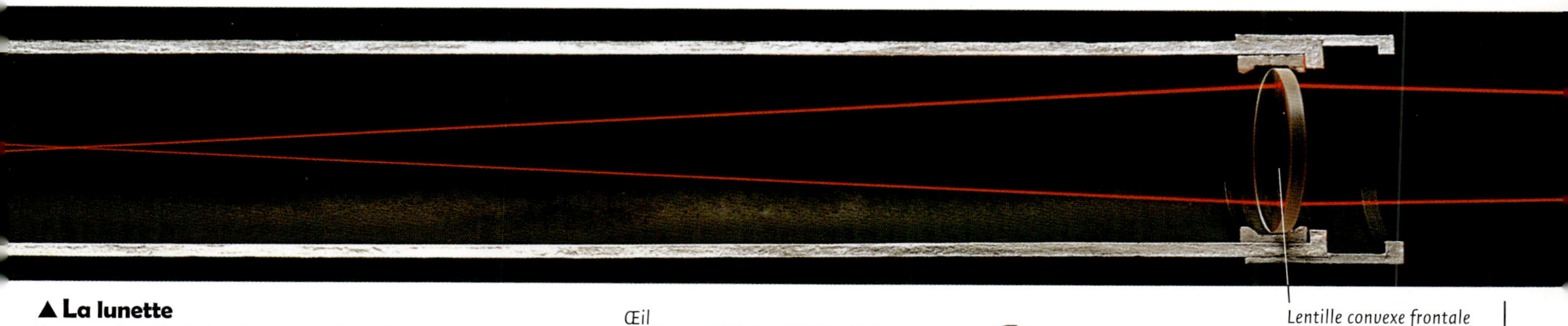

▲ La lunette

Dans une lunette, la lentille convexe frontale (la plus éloignée de l'œil) collecte la lumière et la concentre au foyer où elle forme une image. La lentille convexe de l'oculaire (la plus proche de l'œil) grossit l'image à la façon d'une loupe. C'est ce type d'instrument qu'utilisait Galilée (p. 20). Son principal inconvénient est l'aberration chromatique (voir ci-dessus).

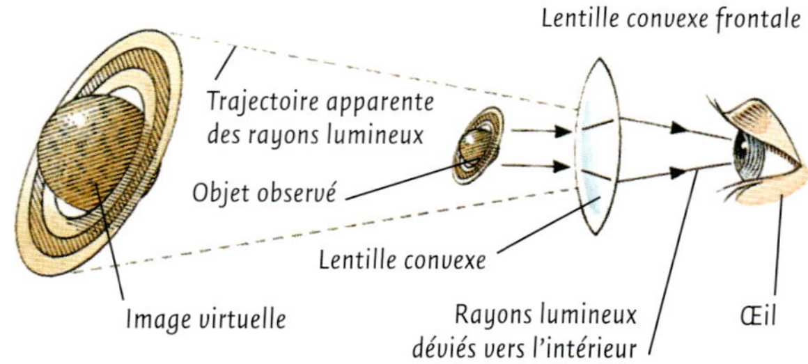

▲ Comment une lentille grossit-elle ?

Lorsqu'une lentille convexe est placée entre l'œil et ce qu'il regarde, l'objet apparaît plus grand parce que la lentille dévie les rayons lumineux. On regarde alors naturellement l'objet comme si les rayons lumineux en provenaient en ligne droite. L'œil voit une image virtuelle qui est plus grande que celle d'origine. Le degré de grossissement dépend de l'angle engendré par la courbure de la lentille.

▼ Le télescope

Isaac Newton (p. 21) réalisa un télescope caractérisé par un grand miroir concave collectant la lumière. Cette surface réfléchissante renvoie les rayons lumineux vers un miroir plan où l'image se forme avant d'être agrandie par la lentille de l'oculaire. La surface du miroir principal peut être soit sphérique, soit parabolique. À la différence des lentilles d'une lunette, les miroirs d'un télescope n'engendrent pas de phénomènes d'aberration chromatique.

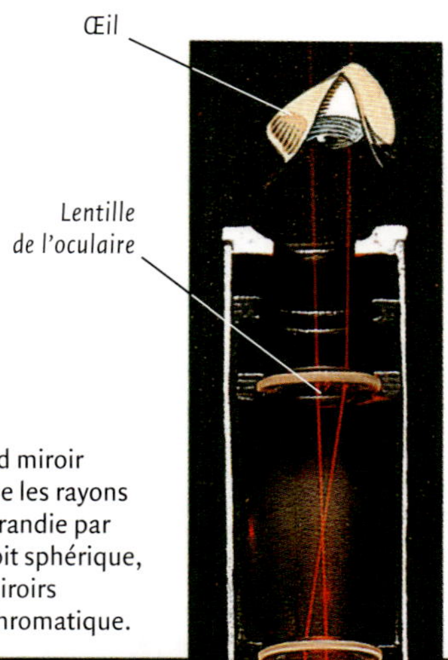

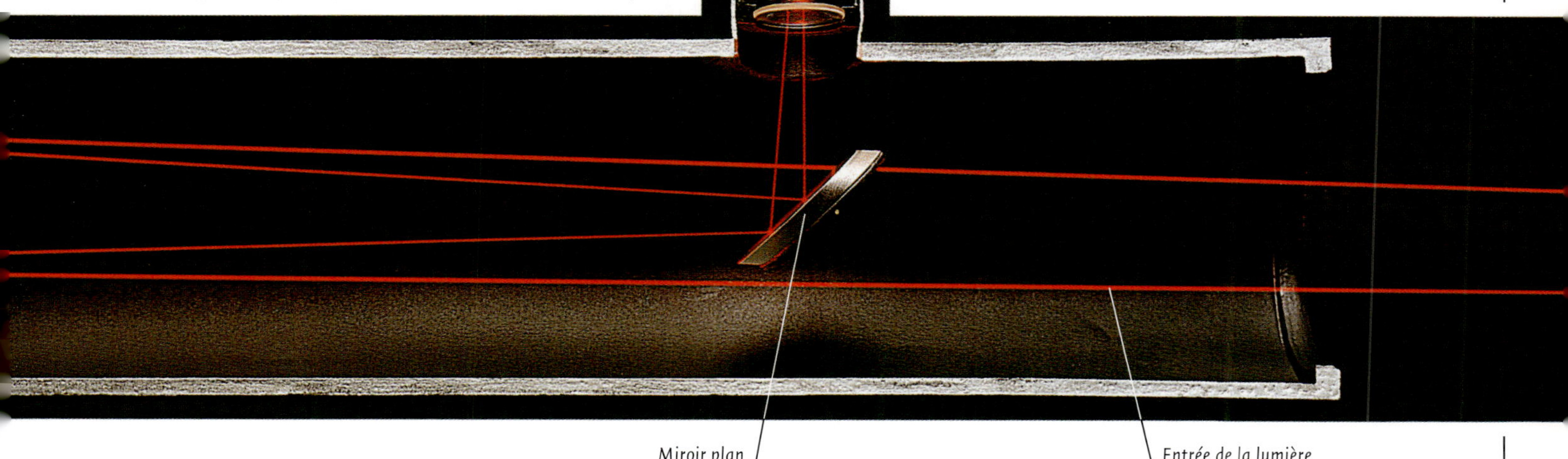

Le télescope optique

Plus le diamètre d'un télescope est grand, plus l'image qu'il donne du ciel est lumineuse. Les astronomes n'ont cessé d'agrandir lentilles et miroirs ; ils ont augmenté la longueur focale des instruments, assemblé en surfaces plus vastes de petits miroirs disposés en nid-d'abeilles pour capter et focaliser plus de lumière. Au XIXe siècle, on préférait encore les lunettes (p. 22-23), et les opticiens se consacraient au perfectionnement de grandes lentilles. Quant aux miroirs, le physicien français Léon Foucault (1819-1869) substitua le verre au bronze pour leur fabrication, en 1857, et le XXe siècle vit le début des progrès technologiques dans leur polissage. Un grand miroir reçoit plus de lumière qu'un petit, mais si son diamètre est supérieur à 4 m, il se déforme sous son propre poids, ce qui entraîne des distorsions de l'image. Le développement des instruments à miroirs segmentés a permis la fabrication de télescopes optiques plus grands et de meilleure qualité. Une autre avancée est l'optique active et adaptative, où chaque segment de miroir, indépendamment, se déplace afin de compenser toute distorsion.

▲ Prendre des photos avec un télescope
Depuis le XIXe siècle, la photographie astronomique, développée par les frères Henry, astronomes à l'observatoire de Paris, est devenue un outil important pour l'observation du firmament. En fixant un appareil photo à un télescope muni d'un moteur qui permet de compenser le mouvement de rotation de la Terre, il est possible d'effectuer de très longues poses sur des étoiles lointaines (p. 12). Auparavant, les astronomes devaient dessiner tout ce qu'ils voyaient et donc être artistes autant que scientifiques.

◄ Le télescope d'Herschel
Au départ musicien professionnel, l'Anglais William Herschel (1738-1822) devint bientôt un astronome de renom. C'est d'abord par nécessité économique, et plus tard certainement par perfectionnisme, qu'il fabriqua ses télescopes et polit lui-même ses miroirs. Le grossissement d'un instrument comme son réflecteur de type Newton de 2,10 m est de 200 fois. C'est un télescope en bois de ce type qu'il utilisa tout au long de sa grande étude du ciel, au cours de laquelle il découvrit la planète Uranus (p. 54-55). Le plus grand des instruments construits par Herschel mesure 1,47 m de diamètre.

▲ Toujours plus grand
Accroître le grossissement des lunettes était un des défis majeurs que se fixaient les astronomes d'autrefois. Puisque la technologie qui permettait de fabriquer des lentilles puissantes n'était pas suffisamment élaborée, la seule solution était de construire des lunettes de très grande distance focale. Dans certains cas, cela pouvait conduire à des instruments aux proportions ridicules, comme on peut le voir sur cette gravure du XVIIIe siècle. Les lunettes à très longue focale étaient très difficiles à utiliser. La moindre vibration, comme le pas d'un promeneur, pouvait faire trembler l'instrument si violemment que les observations devenaient impossibles.

▲ La monture équatoriale

Pour mettre un télescope en station, la monture la plus utilisée et que les astronomes amateurs préfèrent est la monture équatoriale. Un des axes de rotation de l'instrument est aligné sur le pôle céleste, que l'on localise d'après les étoiles situées à proximité, telle l'étoile Polaire (p. 12-13) dans l'hémisphère Nord. Une fois le pointage polaire effectué, il suffit de faire tourner le télescope autour de cet axe pour suivre automatiquement le déplacement des étoiles autour du pôle céleste. Sur la photo ci-dessus, on voit un télescope de 71 cm installé à l'observatoire de Greenwich (Grande-Bretagne) en 1893 ; il est muni d'une monture équatoriale.

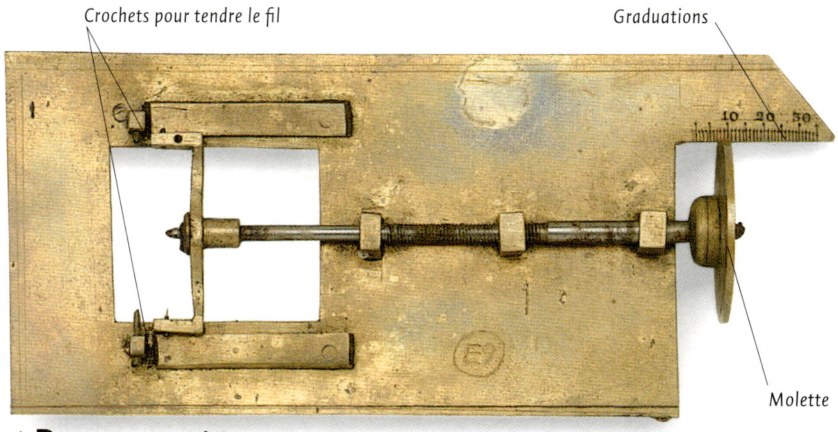

▲ Des mesures précises

Plus le télescope est gros, plus on peut observer des détails ou des objets éloignés, et plus on a besoin de mesures précises. L'utilisation d'un micromètre – auquel l'astronome français Adrien Auzout (1622-1691) donna sa forme définitive en 1666 – permet d'obtenir des graduations extrêmement fines. Cet instrument est nécessaire lorsqu'il s'agit de mesurer les distances entre deux étoiles très éloignées de nous. Le micromètre ci-dessus a été construit par William Herschel. Pour pointer la position d'une étoile, un fin fil de toile d'araignée était tendu entre deux crochets que l'on ajustait à l'aide de la vis à molette située sur le côté.

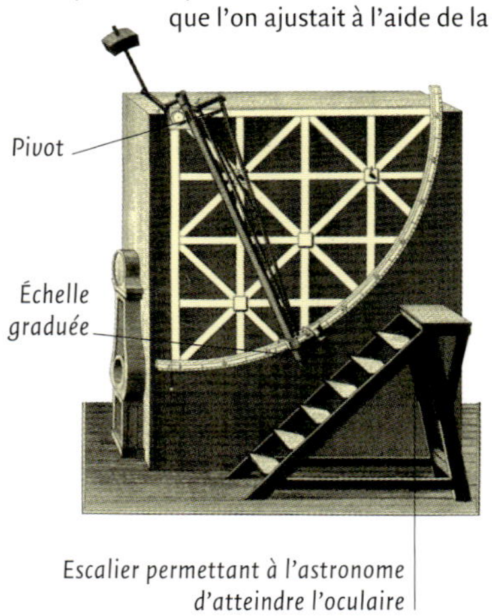

◀ Un quadrant astronomique

La plupart des premières lunettes étaient montées sur des quadrants astronomiques, c'est-à-dire des quarts de cercle qui étaient fixés à un mur pour une meilleure stabilité. Une lunette de ce type est appelée quart de cercle mural. Elle était accrochée à un simple pivot, de telle sorte que l'oculaire pouvait se déplacer le long de l'échelle graduée de l'arc de cercle du quadrant (p. 12). Ainsi les astronomes savaient mesurer avec précision la hauteur des étoiles.

◀ Le télescope Gemini

Il existe deux télescopes Gemini : un à Hawaii (dans l'hémisphère Nord), l'autre au Chili (dans l'hémisphère Sud). À eux deux, ils offrent une couverture optique du ciel entier dans les spectres visible et infrarouge. Chaque télescope Gemini est équipé d'un miroir actif de 8,10 m de diamètre. Chacun des miroirs plus petits qui le composent est couvert d'une pellicule d'argent protectrice qui prévient les interférences dans le spectre infrarouge.

▲ Un télescope à miroir segmenté

Les Kecks, télescopes jumeaux construits à Hawaii en 1993 et 1996, sont équipés chacun d'un miroir primaire hexagonal d'environ 10 m de diamètre, lui-même constitué de 36 miroirs hexagonaux plus petits, larges de 1,80 m. Chacune de ces sous-unités est commandée par un ordinateur et sa position peut être ajustée pour corriger toute distorsion. Les deux télescopes sont reliés de telle manière qu'ils peuvent combiner leurs signaux pour produire une image encore plus précise.

Le polissage des miroirs ▶

Le miroir de 5 m du fameux télescope de Hale, sur le mont Palomar, en Californie, fut moulé à partir de 18 tonnes de Pyrex fondu. Son polissage visant à obtenir la courbure correcte, fut interrompu par la Seconde Guerre mondiale et ne fut achevé qu'en 1947. Aux défauts du miroir lui-même s'ajoutent les perturbations dues à la turbulence atmosphérique. On réduit cet effet en installant les télescopes en altitude et en ventilant constamment les coupoles. L'observatoire du mont Palomar est l'un des plus élevés ; il fut construit dans un endroit où l'atmosphère est mince et la pollution réduite.

Les observatoires

Lieux d'où les astronomes étudient le ciel, les observatoires ont beaucoup évolué à travers les âges (p. 8). Dans l'Antiquité, ils étaient généralement construits en hauteur, sur des remparts ou des tours, pour ouvrir la vue d'un horizon à l'autre du ciel. Les observatoires babyloniens et grecs étaient rudimentaires ; les plus prestigieux furent ceux d'Afrique du Nord et du Moyen-Orient (Bagdad, Le Caire ou Damas). Le célèbre observatoire de Bagdad possédait un immense quart de cercle de six mètres et un sextant en pierre de dix-sept mètres. Il devait ressembler à celui de Jaipur, le seul qui soit resté presque intact (ci-dessous). Après la régression des grands empires islamiques, le réveil de la science s'opéra en Europe occidentale où les observatoires prirent un aspect très différent. Le plus ancien encore en fonction aujourd'hui est celui de Paris (p. 28), fondé en 1667 par Louis XIV, à l'initiative d'Adrien Auzout et édifié par l'architecte Claude Perrault, frère du célèbre conteur. Le climat étant peu clément, les observations en plein air étaient difficiles et les astronomes, dont les instruments étaient de plus en plus imposants et sophistiqués, avaient besoin d'un toit. Au départ, la toiture était constituée de panneaux ou de portes coulissants, s'ouvrant sur le ciel étoilé, actionnés par des systèmes de poulies et de cordages. À partir du XIXe siècle, on abrita les grands télescopes sous de gigantesques coupoles tournantes. Les premiers dômes étaient en papier mâché, le seul matériau connu alors qui fût à la fois solide et léger. Aujourd'hui, ils sont en aluminium.

▲ Le Léviathan de Parsonstown
William Parsons (1800-1867), troisième comte de Rosse, avait décidé de construire le plus grand des télescopes. À Parsonstown, en Irlande, il parvint à couler un miroir de 182 cm, qui pesait presque 4 tonnes et grossissait de 800 à 1 000 fois. À partir de 1845, quand il eut terminé la construction de ce « Léviathan », Parsons put faire d'importantes découvertes concernant la structure des galaxies et des nébuleuses (p. 60-63).

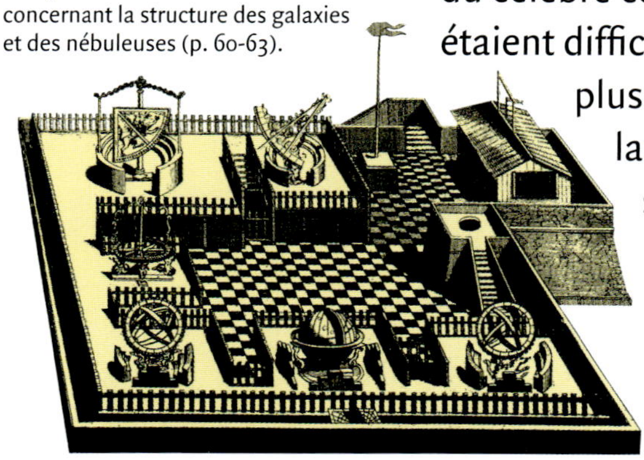

À Pékin ▲
Le Grand Observatoire de Pékin, en Chine, qui fut construit sur les murailles de la Cité interdite, remonte à 1442. Il fut modifié à la fin du XVIIe siècle sous le contrôle du Jésuite Ferdinant Verbiest. Il était équipé de deux grandes sphères armillaires (p. 11), d'un imposant globe céleste (p. 15), d'un cercle azimutal gradué, d'un quart de cercle et d'un sextant. Les instruments furent construits d'après le *Mechanica* de Tycho Brahé (1598).

À Jaipur ▶
Les premières observations étaient faites à l'œil nu, du sommet d'ouvrages d'architecture monumentaux. L'observatoire de Jaipur, capitale du Rajasthan, en Inde, fut construit par le maharaja Jai Singh II entre 1726 et 1734. Le monument comprend le Samrat Yantra, un cadran solaire massif, avec un gnomon incliné de 27° en direction de l'étoile Polaire (p. 13), ainsi qu'un grand sextant.

◄ Sur le Mauna Kea
L'utilisation grandissante de la lumière artificielle et la pollution des grandes agglomérations, qui gênent les observations au télescope optique, ont conduit les astronomes à construire leurs observatoires dans les régions inhabitées. Les meilleurs endroits sont les sommets de montagnes et les déserts des régions tempérées, où l'air est sec, stable et sans nuages. Des télescopes optiques et radio (p. 32-33) sont installés sur le Mauna Kea, un volcan hawaïen où l'air est ténu et le climat tempéré.

▲ Pilotés par ordinateurs
Les télescopes modernes sont devenus si imposants que l'homme paraît minuscule à côté d'eux. Ce coronographe de 51 cm se trouve à l'observatoire d'astrophysique de Crimée, en Ukraine ; il est piloté par l'intermédiaire d'un ordinateur. Un coronographe est un instrument d'étude de la couronne solaire (p. 38).

Qu'est-ce qu'un méridien ?

Les méridiens sont des lignes de coordonnées imaginaires qui relient les pôles et sont utilisées pour mesurer les distances est-ouest sur la surface de la Terre et dans le ciel. Le mot méridien vient du latin *meridies* qui signifie « milieu du jour », le Soleil coupant le méridien local à midi. Les méridiens passant par des sites d'observation importants servaient jadis de référence pour les observations astronomiques ou les mesures de longitude terrestre. Ainsi, à la fin du XIXe siècle, plusieurs d'entre eux correspondant à la longitude des grands observatoires européens comme ceux de Paris, Cadix ou Naples, étaient utilisés comme méridiens d'origine.

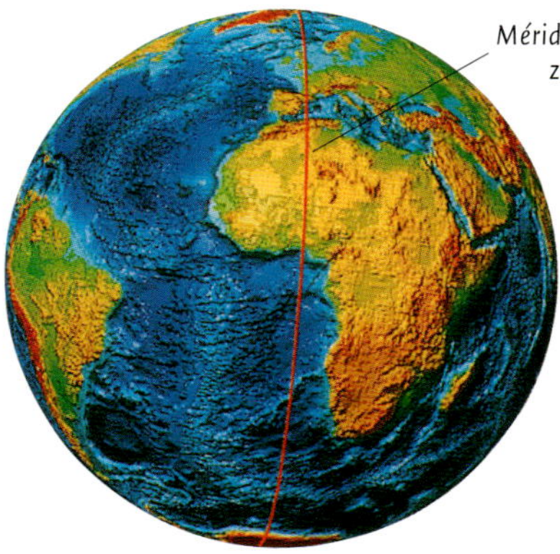

Le méridien de Greenwich ▲
Une conférence internationale eut lieu à Washington en 1884 pour fixer l'origine des longitudes. On choisit comme méridien zéro la ligne passant par le cercle méridien d'Airy – un instrument de mesure astronomique composé d'une lunette à monture méridienne, pivotant uniquement dans le plan nord-sud – installé à l'Observatoire royal de Greenwich, près de Londres. Ce choix fut retenu essentiellement pour des raisons pratiques : à cette époque, la plupart des cartes marines – notamment les cartes anglaises, qui étaient les meilleures du monde – et l'ensemble des chemins de fer américains l'utilisaient déjà. Au sud de Greenwich, le méridien zéro traverse la France, l'Afrique, puis l'océan Atlantique jusqu'au pôle Sud.

À cheval sur le méridien ►
En 1850, l'astronome royal de Grande-Bretagne, sir George Biddell Airy (1801-1892), afin de renouveler l'équipement vieillissant de l'Observatoire de Greenwich, fit notamment construire un cercle méridien (voir ci-dessus). À cette occasion, il déplaça de 5,75 m vers l'est le premier méridien anglais, qui allait devenir le méridien d'origine. Celui-ci est aujourd'hui matérialisé, entre autres, par un puissant laser projetant vers le ciel une ligne lumineuse dont le plan passe par l'appareil d'Airy à l'ancien Observatoire royal, devenu un musée.

Les astronomes

Pour les astronomes, seuls les objets du Système solaire sont accessibles à l'expérimentation directe à travers les missions rares et coûteuses des sondes spatiales ; étoiles et galaxies restent hors de leur portée. L'astronomie est donc surtout une science d'observation méticuleuse et systématique, où il faut attendre que des phénomènes se produisent. Les premiers astronomes ne pouvaient guère faire plus que de calculer la position des corps célestes, suivre leurs mouvements et guetter des événements tels que le passage d'une comète. À partir du XIXe siècle, ils commencèrent à étudier la physique de l'Univers en analysant la lumière et les autres rayonnements venus de l'espace. Mais les astrophysiciens modernes sont toujours animés par les mêmes questions qui taraudaient les philosophes de la Grèce antique : Qu'est-ce que l'Univers ? Comment est-il fait ? Quelle est notre place en son sein ?

▲ Des amateurs passionnés
Au XVIIIe siècle, la science des étoiles devint le passe-temps des gens riches et raffinés. L'astronomie s'est démocratisée depuis et les amateurs modernes sont souvent de véritables passionnés. Certains, très bien formés et bien équipés, prennent une part importante dans les observations et secondent efficacement les scientifiques dans leurs travaux.

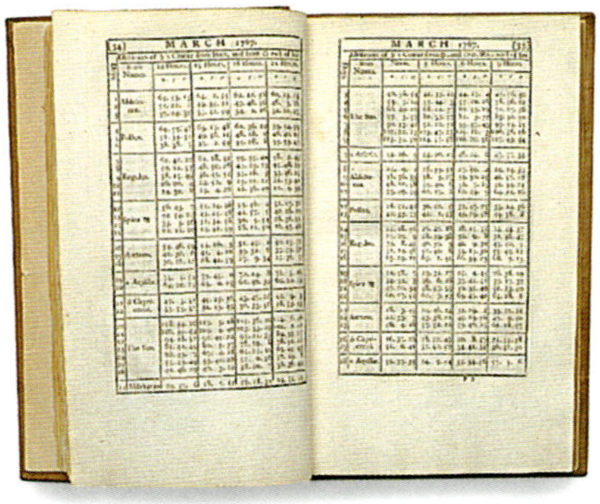

Le *Nautical Almanac* ▲
Publié en Angleterre pour la première fois en 1766, le *Nautical Almanac* (l'« Almanach nautique ») fournit des séries de tables qui donnent les positions de la Lune et les distances entre certaines étoiles clés. Les navigateurs les utilisent pour calculer leur longitude lorsqu'ils ne voient plus les côtes.

▲ Astronome d'État
En 1675, Charles II nomma John Flamsteed (1646-1719) premier astronome royal d'Angleterre. Ce dernier vécut et travailla à l'Observatoire royal de Greenwich, qui fut créé la même année.

▲ En famille
Lors de la fondation de l'Observatoire de Paris, en 1667, Louis XIV fit venir de Bologne un astronome de renom, Jean Dominique Cassini (1625-1712), et lui confia la direction du nouvel établissement. Trois générations de Cassini lui succédèrent à ce poste : Jacques (1677-1756), César François Cassini de Thury (1714-1784), qui entreprit de tracer la première carte moderne de la France, et Jacques Dominique, comte de Cassini (1748-1845). On les connaît aussi chez de nombreux historiens sous les noms de Cassini Ier, Cassini II, Cassini III et Cassini IV.

◀ Une horloge sidérale (1815)
La longitude céleste d'une étoile, que l'on appelle ascension droite, se mesure à l'aide d'une horloge sidérale. Celle-ci est ingénieuse ; elle comporte un cadran tournant où sont inscrites les étoiles les plus importantes. Une goupille placée devant le nom de l'astre que l'on veut observer déclenche un carillon lorsque l'étoile passe au-dessus du méridien.

L'astronomie russe ▶
L'écrivain et astronome russe Mikhaïl Lomonossov (1711-1765) observa le passage de Vénus devant le Soleil (p. 46-47) et remarqua que la planète semblait « sale ». Il suggéra qu'elle avait une atmosphère épaisse et bien plus dense que celle de la Terre. Lomonossov s'était d'abord intéressé à l'art de la navigation et aux mesures de latitudes et de longitudes.

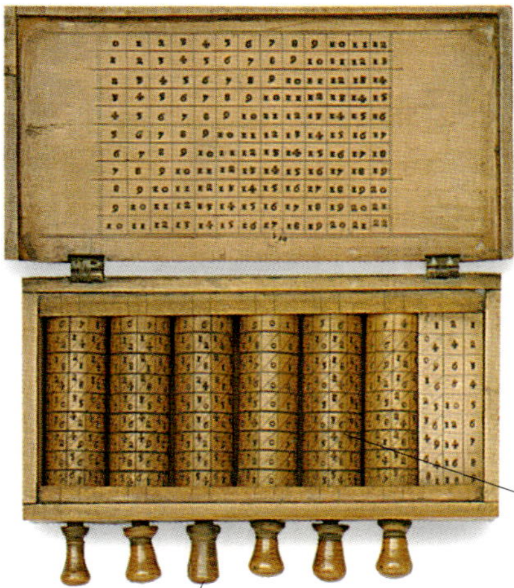

◀ Les bâtons de Neper

Le repérage des positions exactes des étoiles et des planètes a toujours demandé des calculs sans fin. John Neper (1550-1617) publia en 1614 le premier ensemble complet de tables logarithmiques. Il inventa en 1617 une série de cylindres sur lesquels étaient gravés des nombres. En plaçant ces cylindres côte à côte d'une certaine façon, on pouvait effectuer des multiplications et des divisions complexes. Ces réglettes, généralement faites en ivoire ou en os, furent bientôt connues sous le nom de « bâtons de Neper ».

◀ Fidélité familiale

Caroline Herschel (1750-1848) tenait auprès de son frère William (p. 30) le double rôle d'intendante et d'assistante. Pendant que le célèbre astronome polissait ses miroirs, travail délicat durant parfois plus de 16 heures, elle le nourrissait à la petite cuillère. Devenue elle-même une excellente astronome, elle découvrit huit comètes et exerça une grande influence sur son brillant neveu John (1792-1871), qui fut un précurseur en matière de photographie et de spectroscopie astronomique (p. 30-31).

▲ Des nombres astronomiques

Les facteurs d'instruments du XIXe siècle ont commencé à fabriquer des machines à calculer les fonctions mathématiques complexes et souvent répétitives. D'un tour de manivelle, cette calculatrice peut produire un nombre de plus de 42 chiffres.

▲ Rester au chaud

La vie d'un astronome n'est pas de tout repos. Avant l'invention de la photographie, le travail consistait à passer des heures à scruter les étoiles dans un observatoire à ciel ouvert, l'œil rivé sur l'oculaire, et à prendre des pages et des pages de notes d'observation. De nos jours encore, l'activité se pratique à ciel ouvert – souvent même en plein air pour les astronomes amateurs – et le port de vêtements chauds est indispensable, été comme hiver.

Le siège de l'astronome ▶

La chaise astronomique est une invention relativement récente. Lorsqu'ils travaillaient avec de grands quarts de cercle muraux (p. 25), les astronomes devaient gravir quelques marches avant d'atteindre l'oculaire de la lunette. Il aura fallu attendre l'invention des instruments portables à la fin du XVIIe siècle pour que les observateurs d'étoiles puissent s'allonger sur le dos. Et c'est seulement au siècle suivant qu'apparurent les chaises capitonnées.

La spectroscopie

La lumière est un rayonnement électromagnétique composé d'un ensemble d'ondes de différentes longueurs, qui forment son spectre. Si on la décompose au moyen d'un prisme, on voit apparaître des raies lumineuses de différentes couleurs correspondant chacune à une longueur d'onde de son spectre. Le premier à expérimenter ce phénomène fut Newton (p. 21). S'inspirant de ses travaux, l'opticien allemand von Fraunhofer (1787-1826) mit au point un spectroscope, instrument de précision permettant de décomposer la lumière, et s'en servit pour examiner le spectre solaire dans lequel il découvrit des séries de raies noires. En 1859, un autre Allemand, Kirchhoff (1824-1887), comprit la signification de ces raies. Elles sont dues à l'absorption de certaines longueurs d'ondes lumineuses par les éléments chimiques formant les couches externes froides (p. 39) du Soleil. De ce fait, elles nous renseignent sur sa composition.

▲ Les couleurs de l'arc-en-ciel
Un arc-en-ciel se forme lorsque les rayons solaires traversent un rideau de pluie. Chaque goutte d'eau, tel un prisme, réfracte la lumière, la décomposant en ses différentes composantes de couleur.

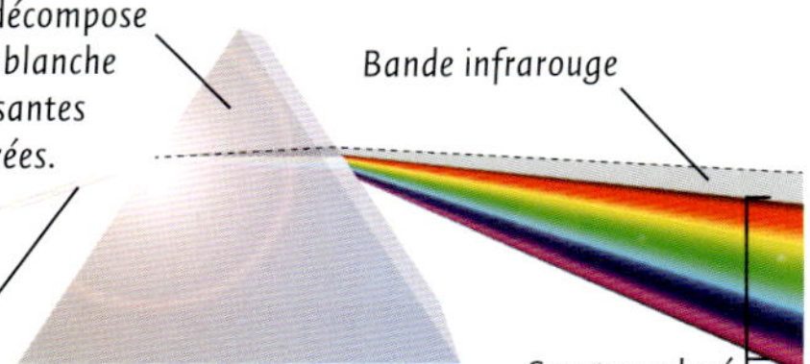

◀ La découverte du rayonnement infrarouge
En 1800, William Herschel (p. 54) chercha à tester les relations entre la chaleur et la lumière. Il reprit les travaux de Newton sur la décomposition de la lumière blanche en un spectre coloré (p. 21). Il étudia les différentes bandes du spectre solaire à l'aide d'un thermomètre très sensible. Il s'aperçut que celui-ci continuait de réagir lorsqu'il le poussait en dehors de la partie visible du spectre, en deçà du rouge. Il appela donc infrarouge ce domaine spectral. Grâce à un système de caches, Herschel put mesurer la température de chaque couleur.

▲ L'étude du sodium
L'observation d'une flamme de sodium avec un spectroscope permet de comprendre comment fonctionne la spectroscopie des corps célestes. D'après la première loi de l'analyse spectrale de Gustav Kirchhoff, un gaz chaud à pression élevée produit un spectre continu où toutes les couleurs sont représentées. Selon sa deuxième loi, un gaz chaud à basse pression donne un spectre de raies d'émission qui se caractérise par des raies spectrales brillantes sur un fond noir. Sa troisième loi dit que lorsque la lumière d'un gaz chaud et dense traverse un nuage de gaz plus froid avant de nous parvenir, on observe un spectre de raies d'absorption (un spectre brillant entrecoupé de fines raies sombres).

▲ De quoi est composé le Soleil ?
Lorsqu'une flamme de sodium est vue à travers un spectroscope (à gauche), le spectre d'émission que l'on obtient présente des raies jaunes (ci-dessus). On remarque dans cette portion du spectre du Soleil (en haut) un certain nombre de discontinuités. Ce sont les raies dites « de Fraunhofer » à partir desquelles on peut déterminer la composition chimique du Soleil. La raie sombre dans la partie jaune du spectre correspond au sodium.

Kirchhoff et Bunsen ▲
Grâce à l'invention du brûleur à gaz (ou bec Bunsen) par le chimiste allemand Robert Bunsen (1811-1899), on peut étudier les propriétés de vapeurs chimiques sur la base de leur analyse spectrale. Kirchhoff et Bunsen perfectionnèrent ensemble le spectroscope. En quelques années, ils isolèrent le spectre de nombreuses substances chimiques connues et découvrirent grâce à ce moyen quelques éléments inconnus. Ils jetèrent ainsi les bases de la spectroscopie moderne.

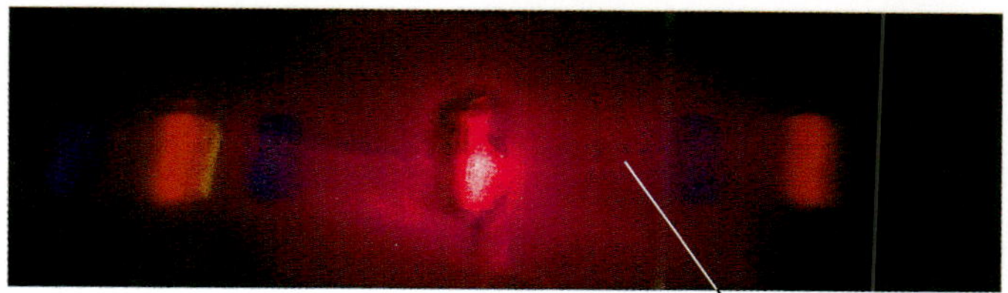

L'absorption des couleurs ▲▶
Pour démontrer la validité de ses lois de l'analyse spectrale, Gustav Kirchhoff montra que lorsqu'un faisceau de lumière blanche passe au travers du sodium gazeux, la couleur caractéristique du sodium est absorbée, et l'on voit sur le spectre des raies sombres à l'endroit exact où l'empreinte du sodium aurait dû apparaître. Dans l'expérience illustrée ci-dessus, on crée un spectre continu (en haut à partir de la lumière blanche qui traverse une lentille). Quand on place une solution de permanganate de potassium entre la lentille et la source lumineuse, une partie des couleurs est absorbée.

Image montrant un champ d'étoiles où la lumière de chacune à été séparée pour former un spectre

◀ Spectres d'étoiles
La spectroscopie est devenue un outil majeur de l'astronomie, qui apporte aux chercheurs une multitude d'informations. En effet, l'examen attentif, à l'aide d'instruments de précision, des lignes d'absorption dans le spectre lumineux d'une étoile distante, leur permet de déduire sa composition chimique grâce aux « empreintes » des éléments que ces lignes constituent. La largeur des lignes fournit également des renseignements sur les pressions qui règnent dans l'étoile, ainsi que sur la présence de champs magnétiques. Leur décalage vers le rouge ou vers le bleu sous l'effet Doppler-Fizeau (p. 23) permet de savoir si l'étoile observée s'éloigne ou se rapproche de la Terre et à quelle vitesse. En outre, la température de la surface de l'étoile peut être calculée en mesurant l'intensité des différentes parties de son spectre.

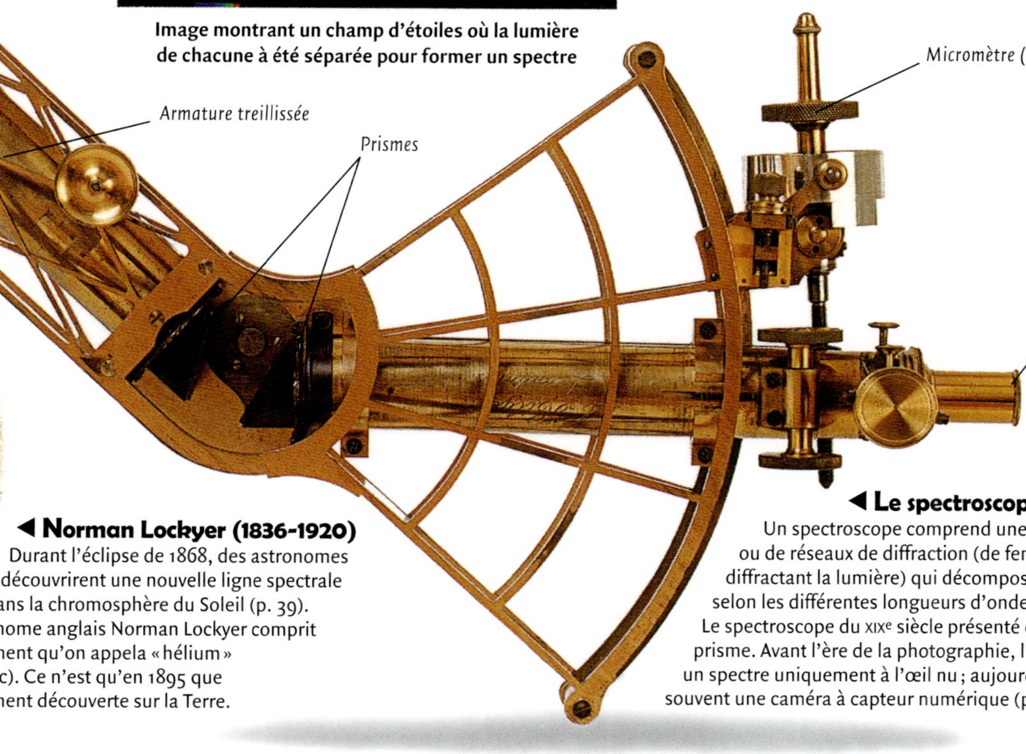

◀ Norman Lockyer (1836-1920)
Durant l'éclipse de 1868, des astronomes découvrirent une nouvelle ligne spectrale dans la chromosphère du Soleil (p. 39). L'astronome anglais Norman Lockyer comprit qu'il s'agissait d'un nouvel élément qu'on appela « hélium » (*helios* signifiant « soleil » en grec). Ce n'est qu'en 1895 que la présence d'hélium fut également découverte sur la Terre.

◀ Le spectroscope
Un spectroscope comprend une série de prismes ou de réseaux de diffraction (de fentes étroites diffractant la lumière) qui décomposent la lumière selon les différentes longueurs d'onde qui la constituent. Le spectroscope du XIXe siècle présenté ci-contre est à prisme. Avant l'ère de la photographie, l'astronome analysait un spectre uniquement à l'œil nu ; aujourd'hui, il utilise le plus souvent une caméra à capteur numérique (p. 37).

La radioastronomie

Après la découverte en laboratoire des rayonnements X et infrarouge (p. 30), les chercheurs se demandèrent si les objets célestes étaient capables d'émettre des ondes invisibles. Le rayonnement radio (les plus grandes longueurs d'onde du spectre électromagnétique) fut le premier découvert. Pour le détecter et l'analyser, les astronomes construisirent des instruments gigantesques. Les premiers radiotélescopes n'étaient jamais assez grands pour discerner des structures aussi fines que celles qu'obtenaient les instruments optiques. Aujourd'hui, grâce à l'interférométrie, on peut combiner électroniquement les images obtenues par plusieurs radiotélescopes et obtenir l'équivalent d'une antenne de diamètre aussi grand que celui de la Terre, permettant l'analyse de détails très fins. Les astronomes étudient désormais le ciel dans toutes les gammes de fréquence et envoient des détecteurs en orbite terrestre.

▲ Une radiogalaxie
Cette image est constituée par les émissions radio d'énormes nuages invisibles de gaz très chaud émis par un trou noir au centre de la galaxie NGC 1316. L'image du nuage radio, représentée ici en orange, a été obtenue par le Very Large Array (p. 33).

▲ Le rayonnement radio
La première preuve de l'existence d'un rayonnement radio issu de l'espace lointain fut donnée en 1931 par l'ingénieur américain Karl Jansky (1905-1950). En étudiant les parasites affectant les télécommunications, à l'aide d'un matériel de fabrication maison (ci-dessus), il s'aperçut qu'une partie de ces « bruits » provenait du centre de notre Galaxie (p. 62-63).

▲ Un radioastronome amateur
Informé des découvertes de Jansky, l'astronome amateur américain Grote Reber (1911-2002) fabriqua en 1936 une grande antenne mobile. Son appareil recevait les ondes radio au moyen d'une surface parabolique de 9 m de diamètre. Reber commença à cartographier les émissions radio en provenance de la Voie lactée. Des années durant, Reber resta l'unique radioastronome amateur du monde.

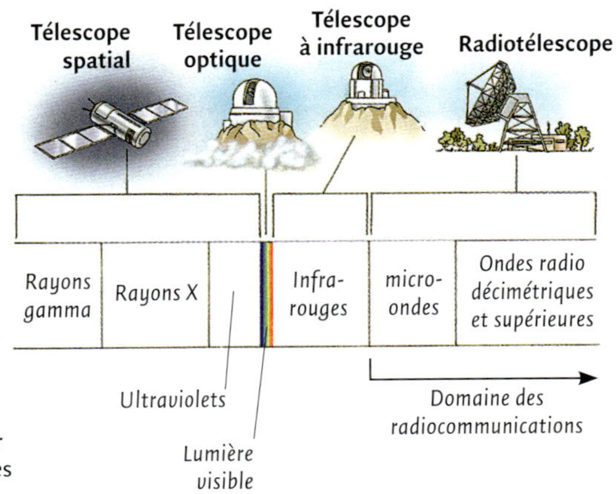

◀ Le spectre électromagnétique
Le spectre électromagnétique est l'ensemble des gammes de fréquences couvertes par les rayonnements électromagnétiques. Le rayonnement radio occupe la plage des plus basses fréquences (ou des plus grandes longueurs d'onde, supérieures à 1 mm) du spectre. Viennent ensuite les infrarouges, la lumière visible, les ultraviolets, les rayons X et enfin les rayons gamma, qui présentent les plus hautes fréquences. Seuls la lumière visible, le rayonnement infrarouge et les ondes radio traversent l'atmosphère terrestre. Le reste n'est détectable qu'à l'aide d'instruments embarqués dans des sondes envoyées dans l'espace (p. 34-35).

◀ Le télescope d'Arecibo
Ce récepteur radio se trouve dans une cuvette calcaire naturelle au cœur de la jungle, près d'Arecibo, à Porto Rico. Le miroir parabolique (à gauche), immense toile en fil d'acier, mesure 305 m de diamètre et forme une surface collectrice d'une vingtaine d'hectares. Son foyer mobile permet d'effectuer des observations dans différentes régions du ciel.

Zones de température ▶

Les radioastronomes établissent des cartes de la température des planètes. Cette image montre la répartition des températures sous la surface de Mercure. L'aire la plus chaude est en rouge. Les zones bleues représentent les régions les plus froides.

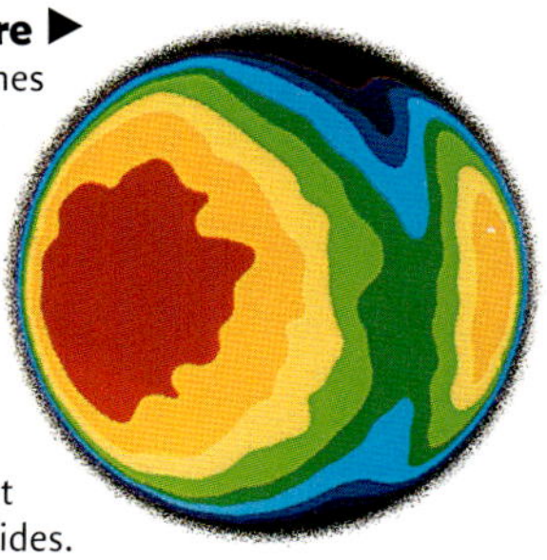

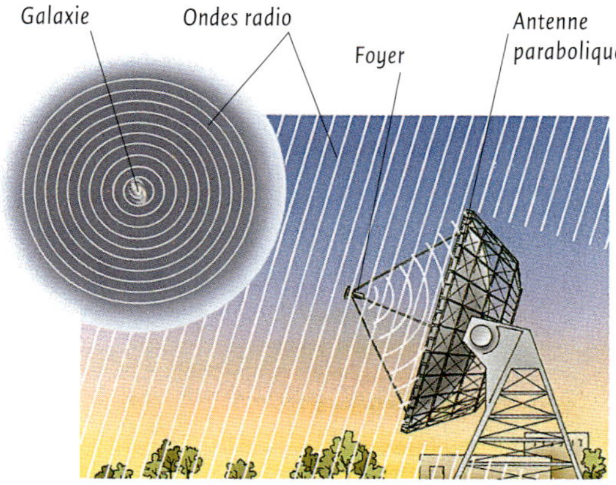

Comment fonctionne un radiotélescope? ▲

L'antenne parabolique d'un radiotélescope est orientée de manière à capter un signal radio dans une direction donnée. Les signaux reçus sont focalisés en un point, le foyer, et envoyés vers le récepteur. Ils sont ensuite enregistrés et transmis au centre de contrôle qui les traite électroniquement de façon à obtenir les données brutes qu'utiliseront les astronomes.

◀ Bernard Lovell

L'astronome anglais Bernard Lovell (1913-2012) fut un pionnier en matière de radioastronomie. Il créa une station de recherche à Jodrell Bank, en Angleterre, en utilisant le surplus des équipements radar de l'armée à la fin de la Seconde Guerre mondiale. On le voit ici dans la salle de contrôle du radiotélescope Mark 1 (76 m de diamètre). L'antenne géante que l'on aperçoit à l'arrière-plan fut conçue en 1957.

Des géants européens ▶

Les radioastronomes n'ont pas besoin d'un ciel dégagé ; ils peuvent travailler même par temps couvert. En revanche, les parasites issus des communications humaines perturbent de plus en plus leurs réceptions. La plus grande antenne parabolique d'Europe, celle du radiotélescope d'Effelsberg, mesure 100 m de diamètre. La France possède l'une des plus grandes antennes du monde : le radiotélescope de Nançay, en Sologne, dans le Cher. C'est un instrument méridien dont le miroir primaire mesure 35 m x 300 m.

L'antenne parabolique du radiotélescope d'Effelsberg, près de Bonn, en Allemagne

Le Very Large Array ▶

On peut connecter les radiotélescopes les uns aux autres par des câbles électriques de manière à former des surfaces réceptrices très importantes. Ainsi, deux antennes distantes de 100 km reliées électroniquement forment l'équivalent d'un télescope de 100 km de diamètre. Le Very Large Array (VLA) est l'un des plus grands interféromètres radio du monde. En forme de Y, il s'étale sur plus de 27 km de long dans le désert du Nouveau Mexique. Un dispositif similaire, quoique de dimensions plus modestes, existe en France au radiotélescope de Nançay.

La conquête de l'espace

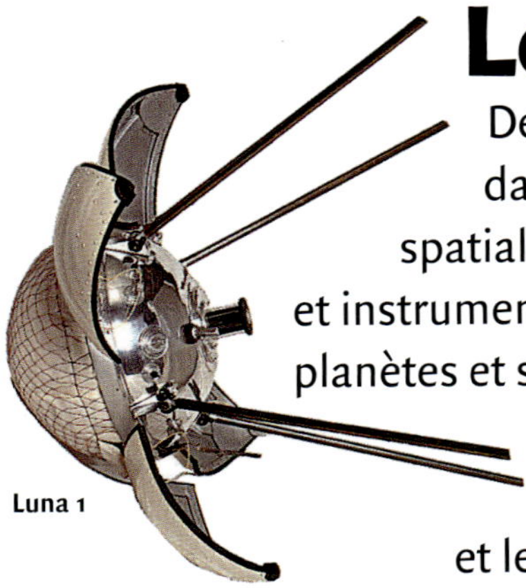

Luna 1

Depuis la dernière mission Apollo sur la Lune en 1972, aucun homme n'est allé dans l'espace au-delà de l'orbite terrestre. Mais l'exploration et l'exploitation spatiales n'ont pas cessé pour autant. Des dizaines de sondes embarquant caméras et instruments de mesure se sont aventurées bien au-delà de la Lune pour étudier planètes et satellites, astéroïdes et comètes, ainsi que le Soleil et l'espace interplanétaire. Les nations jadis concurrentes collaborent aujourd'hui et partagent les coûts des missions. De nos jours, les sciences et les technologies spatiales ont d'énormes retombées. Les satellites sont devenus indispensables aux réseaux de télévision, ainsi qu'aux GPS qui équipent avions, bateaux et automobiles. Les satellites militaires assurent la surveillance des territoires. Météorologues et chercheurs utilisent les images de satellites collecteurs de données, qui envoient des informations détaillées sur l'état de la surface de la Terre. Aux États-Unis, la NASA envisage d'envoyer à nouveau des astronautes sur la Lune. Ils y installeront une base de recherche et d'expérimentation des technologies qui permettront, plus tard, d'envoyer des hommes vers Mars.

▲ Sondes lunaires
En 1957, l'URSS lança dans l'espace Spoutnik 1, le premier satellite artificiel. Puis, entre la fin des années 1950 et 1976, elle envoya différentes sondes explorer la surface de la Lune : Luna 1 réussit à s'en approcher à moins de 6 000 km. Luna 3 renvoya pour la première fois des images de la face cachée de la Lune (p. 40-41). Luna 9 parvint à effectuer un alunissage en douceur en février 1966 ; et Luna 16 préleva des échantillons du sol lunaire et les ramena sur Terre sans aucune participation humaine. Le succès de ces missions força l'opinion à prendre au sérieux l'exploration spatiale.

▲ Pour s'arracher à la Terre
L'ingénieur américain Robert Goddard (1882-1945), que l'on voit ci-dessus, lança la première fusée à carburant liquide en 1926. C'est le poids des carburants solides qui constituait jusqu'alors l'obstacle majeur à l'envoi de satellites en orbite. Si l'on veut qu'une fusée atteigne une vitesse suffisante pour échapper à l'attraction gravitationnelle de la Terre, il faut lui donner une poussée supérieure au poids qu'elle transporte.

◀ Le premier homme dans l'espace
Le 12 avril 1961, l'URSS lançait un vaisseau spatial de 5 t, Vostok 1. Il était habité par un cosmonaute, Iouri Gagarine (1934-1968), qui effectua une révolution complète autour de la Terre, à une altitude de 303 km. Il est resté dans l'espace 1 h 29 minutes avant d'atterrir sain et sauf. Il fut acclamé comme un héros national, et on le voit ici congratulé par le dirigeant soviétique Nikita Khrouchtchev.

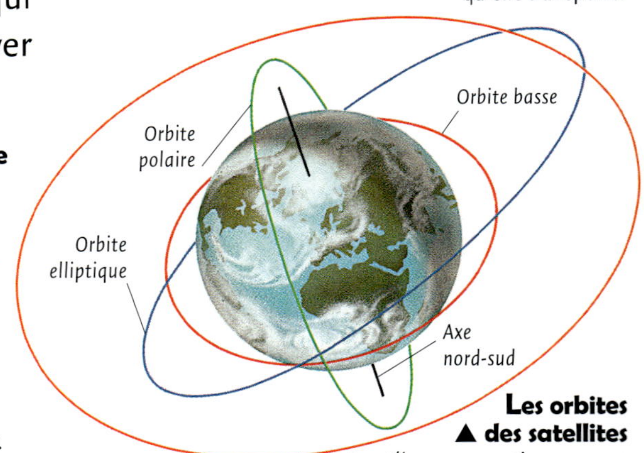

Les orbites ▲ des satellites
Les télescopes spatiaux comme Hubble (p. 7) utilisent des orbites basses (600 km au-dessus de la surface terrestre). Les satellites d'espionnage et de surveillance américains tournent dans le plan de l'axe nord-sud (orbite polaire) pour avoir une vue d'ensemble de la Terre. Les satellites russes suivent souvent des orbites elliptiques qui leur permettent de passer plus de temps au-dessus de leur propre territoire. Ceux employés pour la communication ou la météorologie sont placés au-dessus de l'équateur. Comme ils mettent exactement 24 heures pour parcourir une orbite complète, ils restent toujours au-dessus d'un même point de la surface du globe. Leur orbite est dite géostationnaire. Un satellite est envoyé sur l'orbite qui correspond le mieux au travail qu'il doit accomplir.

On a marché sur la Lune ▶
Il y eut, entre 1969 et 1972, six vols habités en direction de la Lune. L'une des raisons de ces missions était qu'elles permettaient de mieux comprendre l'origine du satellite de la Terre, son histoire et son évolution. On voit sur cette photographie, prise en 1971, l'astronaute américain James Irwin à côté du véhicule lunaire d'Apollo 15. C'est Neil Armstrong (1930-2012) qui fut le premier homme à poser le pied sur la Lune, le 21 juillet 1969.

La navette spatiale

Le premier vol d'une navette spatiale a eu lieu en 1981. Depuis, cinq navettes ont effectué 135 vols en orbite terrestre. Parmi leurs missions figurèrent le lancement de satellites, les réparations du télescope spatial Hubble et le transport d'équipages et de matériel vers la Station spatiale internationale. Deux de ces navettes ont été détruites dans de dramatiques accidents. Les trois autres ont effectué leur dernier vol en 2011.

Coopération dans l'espace ▶
L'Agence spatiale européenne (ESA) est une organisation à travers laquelle 16 pays européens collaborent à un programme spatial commun. Elle offre la possibilité à un groupe de petites nations de participer à l'exploration de l'espace et de partager les bénéfices des technologies spatiales. L'ESA a développé sa propre fusée, le lanceur Ariane, tiré depuis une base spatiale en Guyane française. En 2003, Ariane 5 (ci-contre) a lancé la sonde SMART-1 pour une mission en orbite autour de la Lune au cours de laquelle fut testée une nouvelle technologie de propulsion des vaisseaux spatiaux. Outre les États-Unis et la Russie, plusieurs grands pays possèdent leur propre agence spatiale, notamment le Japon et la Chine.

▲ Vivre dans l'espace
La construction de la Station spatiale internationale (ISS) a débuté en 1998 et tous ses composants majeurs étaient en place en 2012. Il s'agit d'un projet commun entre les États-Unis, l'Europe, la Russie, le Canada et le Japon. Les dix principaux modules et les autres parties ont été acheminés par la Navette spatiale, des vaisseaux Soyouz russes et des vaisseaux cargos automatiques. Le premier équipage a pris place à bord de l'ISS en 2000 et, depuis, il s'est toujours trouvé au moins deux astronautes à bord. La Station effectue un tour de la Terre en 92 minutes à l'altitude moyenne de 354 km.

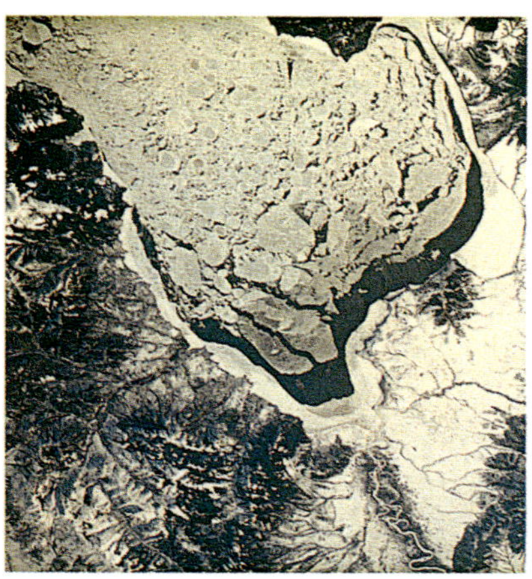

◀ L'intérêt des satellites
Les satellites météorologiques surveillent l'évolution du temps et effectuent des relevés des courants marins, qui jouent un rôle majeur dans le climat de la Terre. Les données relevées sur de vastes étendues, comme la banquise russe ci-contre, permettent aux spécialistes de prédire les changements climatiques. Les satellites collecteurs de données sont utilisés en géologie et en écologie. Ils collectent des informations comme la répartition du plancton – source essentielle de nourriture – dans les eaux des océans.

Réservoir de carburant liquide externe

Navette spatiale

Des tuiles de céramique noire protègent les parties les plus exposées à la chaleur lors de la rentrée dans l'atmosphère.

Booster à carburant solide

◀ Un avion de l'espace
La Navette était propulsée vers l'espace au moyen de deux boosters à carburant solide réutilisables, qui étaient largués et retombaient, ralentis par des parachutes, vers la mer où ils étaient récupérés. Un autre réservoir unique à carburant liquide était, quant à lui, largué plus haut et se disloquait en rentrant dans l'atmosphère. À son retour, la Navette atterrissait comme un avion à 350 km/h. Elle était protégée de la chaleur intense lors de sa rentrée dans l'atmosphère par une coque de tuiles thermiques spéciales.

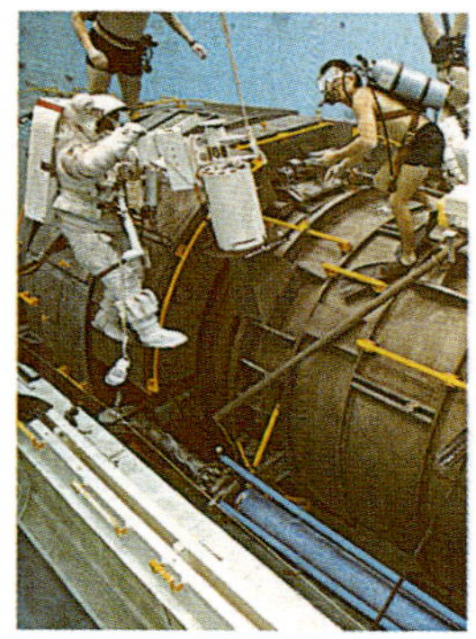

▲ Entraînement subaquatique
Dans l'espace, les astronautes font l'expérience de l'apesanteur, ou gravité zéro. Ce n'est pas un phénomène facile à simuler sur Terre. Le meilleur moyen est de les entraîner sous l'eau à se mouvoir et à travailler avec leurs instruments. L'effet de la résistance de l'eau donne cependant de fausses impressions.

Le Système solaire

Le Système solaire est l'ensemble des planètes, de leurs satellites et des débris en orbite autour du Soleil. Il maintient sa cohésion grâce à l'attraction gravitationnelle de ce dernier qui est à lui seul presque mille fois plus massif que toutes ses planètes rassemblées. Le Système solaire est sans doute né d'un gigantesque nuage de gaz et de poussières interstellaires qui s'est contracté sous l'influence de sa propre gravité il y a quelque 5 milliards d'années. On distingue deux groupes de planètes. Les quatre plus proches du Soleil sont dites telluriques parce qu'elles sont petites, denses et ont une croûte solide comme la Terre. Les quatre géantes, situées au-delà de l'orbite de Mars, sont essentiellement composées de gaz et de liquides et dites joviennes parce qu'elles ressemblent à Jupiter (*Jovis* en latin). Entre Mars et Jupiter et au-delà de Neptune se trouvent des zones de débris spatiaux et de planètes naines, la ceinture d'astéroïdes (p. 58) et la ceinture de Kuiper.

▲ Le secret de l'Astronomie
Cette gravure allégorique montre l'Astronomie vêtue d'une robe étoilée avec un globe, une lunette et un quart de cercle, à côté d'un personnage féminin, peut-être les Mathématiques. L'angelot entre les deux porte une bannière où l'on peut lire *Pondere et Mensurare* (« peser et mesurer »), qui sont le secret de l'art de l'astronomie.

▲ Les tailles relatives des principaux corps du Système solaire
Le Soleil a un diamètre d'environ 1 392 000 km. Celui-ci est presque dix fois plus large que la plus grande des planètes, Jupiter, qui est elle-même assez grosse pour contenir toutes les autres. Cette figure nous montre les tailles relatives des planètes et du Soleil. Les planètes dont les orbites se trouvent en deçà de la ceinture d'astéroïdes sont qualifiées d'intérieures, celles qui se situent au-delà, d'extérieures. Mercure, Vénus, la Terre et Mars, toutes relativement proches du Soleil, ont une masse beaucoup plus petite que les quatre planètes géantes mais ont une densité moyenne bien plus importante (p. 45). Jupiter, Saturne, Uranus et Neptune sont très massives, mais leur densité est faible. Plus largement espacées, elles gravitent à grande distance du Soleil. Pluton est maintenant classée parmi les planètes naines (p. 57).

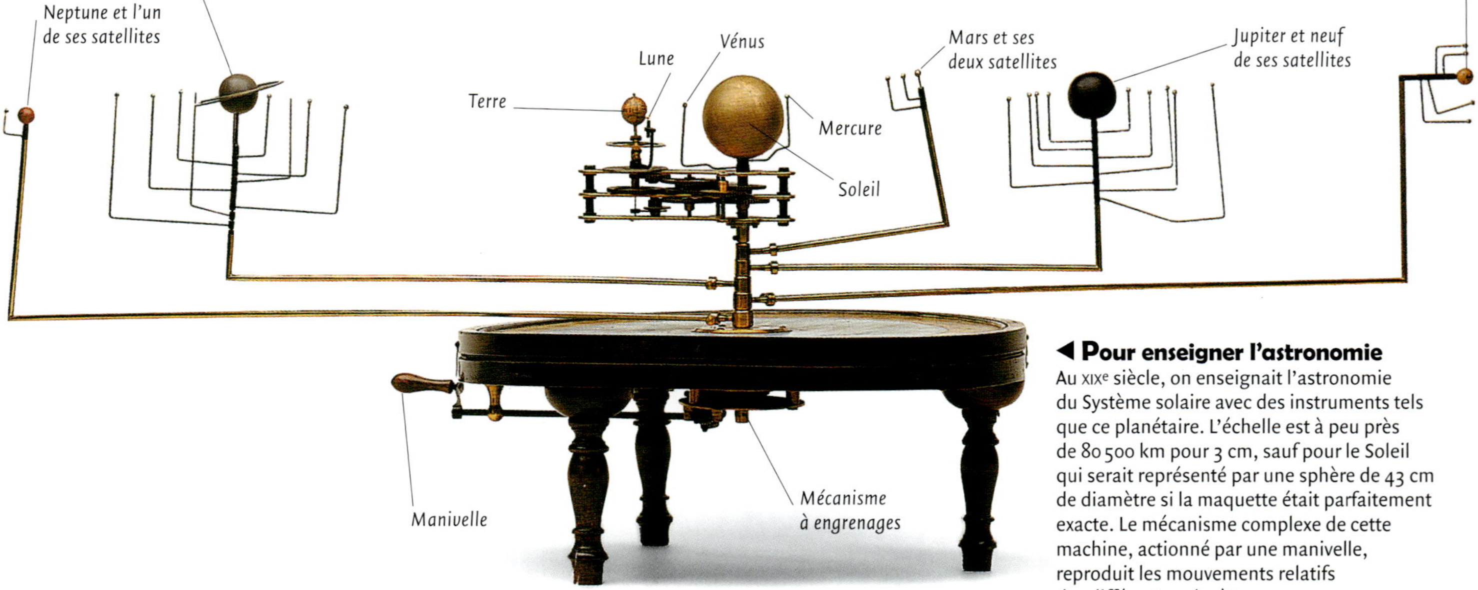

◀ Pour enseigner l'astronomie
Au XIXe siècle, on enseignait l'astronomie du Système solaire avec des instruments tels que ce planétaire. L'échelle est à peu près de 80 500 km pour 3 cm, sauf pour le Soleil qui serait représenté par une sphère de 43 cm de diamètre si la maquette était parfaitement exacte. Le mécanisme complexe de cette machine, actionné par une manivelle, reproduit les mouvements relatifs des différentes planètes.

Laplace fut le premier à tenter de retrouver tous les mouvements de la Lune et des planètes par le calcul.

◀ Mécanique céleste
Le grand successeur de Newton est le Français Pierre Simon de Laplace (1749-1827). Dans son ouvrage en cinq volumes intitulé *Traité de mécanique céleste* (1798-1825), l'astronome traita tous les mouvements du Système solaire comme un pur problème mathématique, montrant par ce travail la puissance de la théorie de la gravitation universelle (p. 21). Laplace se représentait les cieux comme une grande machine, une horloge qui, une fois lancée, continuerait à fonctionner indéfiniment.

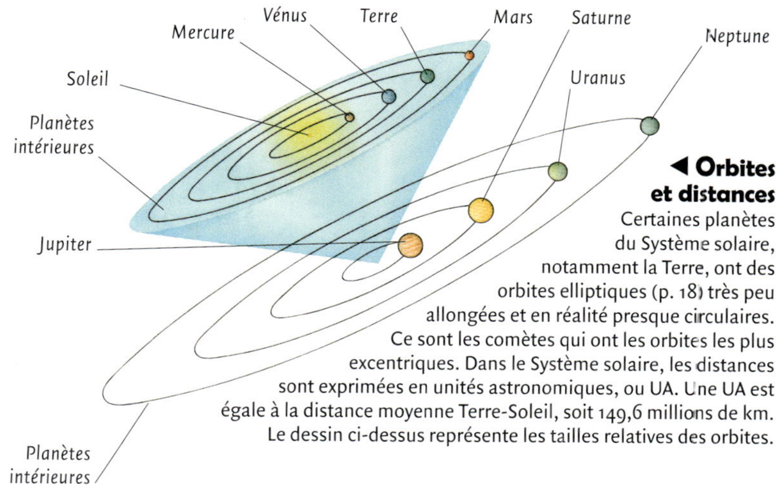

◀ Orbites et distances
Certaines planètes du Système solaire, notamment la Terre, ont des orbites elliptiques (p. 18) très peu allongées et en réalité presque circulaires. Ce sont les comètes qui ont les orbites les plus excentriques. Dans le Système solaire, les distances sont exprimées en unités astronomiques, ou UA. Une UA est égale à la distance moyenne Terre-Soleil, soit 149,6 millions de km. Le dessin ci-dessus représente les tailles relatives des orbites.

La photographie des planètes

L'une des tâches majeures des sondes spatiales (p. 34-35) est de renvoyer vers la Terre des images exploitables des corps célestes. Elles utilisent pour cela des dispositifs très similaires à ceux qui équipent les appareils photographiques numériques. Au cœur du système, se trouve le capteur, constitué d'une plaquette de silicone portant des milliers de récepteurs microscopiques sensibles à la lumière, qui constituent les « pixels ». En fonction de la quantité de lumière qui les frappe, chacun génère un courant dont l'intensité varie. L'ordinateur de bord transforme l'ensemble des courants en signaux numériques qui sont ensuite envoyés par radio vers la Terre où les images sont reconstituées par ordinateur.

Photographies de la surface de Mars prises par la sonde Mariner 9

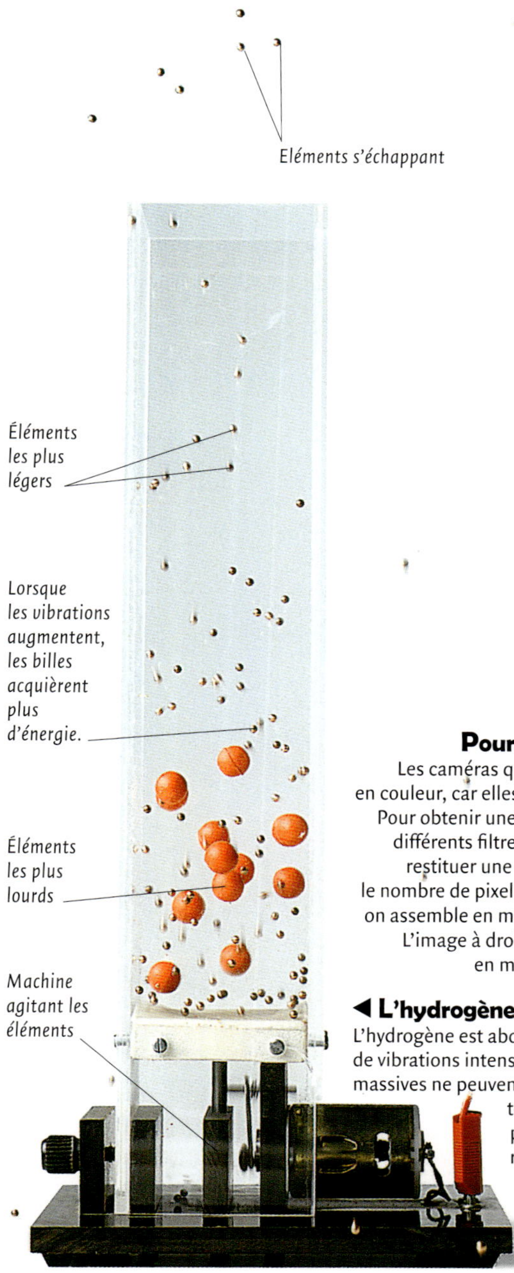

Pour obtenir des images de haute définition en couleur ▶
Les caméras qui équipent les sondes produisent rarement directement des images en couleur, car elles utilisent des capteurs CCD noir et blanc plus sensibles à la lumière. Pour obtenir une image en couleur, une même photo est prise plusieurs fois à travers différents filtres colorés et les clichés résultants sont combinés par ordinateur pour restituer une vue en couleur. Par ailleurs, la surface photographiée est limitée par le nombre de pixels composant le capteur. Pour obtenir une image en haute définition, on assemble en mosaïque les photos de différentes portions adjacentes d'une surface. L'image à droite a été réalisée en associant ces deux techniques, par l'assemblage en mosaïque de 50 images prises à travers des filtres rouge, vert et violet.

◀ L'hydrogène dans le Système solaire
L'hydrogène est abondant dans le Système solaire. Mais ses atomes très légers, animés de vibrations intenses, sont tellement énergétiques et si volatils, que les planètes peu massives ne peuvent les retenir. Leur gravité n'y suffit pas. C'est pourquoi l'azote, plus lourd, constitue le plus gros de l'atmosphère terrestre (p.42). L'hydrogène plus léger s'en est échappé parce que la gravité de la Terre n'est pas suffisante pour le retenir. Le phénomène est illustré par la machine à énergie cinétique à gauche. Les grosses billes orange représentent les éléments les plus lourds, comme l'azote, les petites billes argentées les éléments plus légers, comme l'hydrogène. On voit que dès que la machine met les billes en mouvement, les plus légères s'échappent facilement alors que les grosses restent groupées. Les planètes géantes à très forte gravité, en revanche, sont essentiellement composées d'hydrogène. Le Soleil, quant à lui, est tellement massif qu'il parvient à le retenir et à le maintenir dans son noyau où la pression est telle que les atomes d'hydrogène s'y transforment en hélium, alimentant la réaction de fusion nucléaire qui le fait briller.

Le Soleil

Presque toutes les civilisations anciennes considéraient le Soleil comme la source de la vie et lui attribuaient un pouvoir sur les événements terrestres. Il s'agit de l'étoile située au centre du Système solaire. Du fait de sa composition gazeuse, le Soleil ne présente pas de structure permanente. La température de sa photosphère, qui constitue son disque jaune visible, est d'environ 5 500 °C. Autour de la photosphère, se trouvent des couches de gaz plus chauds : la chromosphère et la couronne. Les gaz ténus qui constituent cette dernière atteignent environ 1 million de degrés. Grâce à l'analyse spectroscopique (p. 30-31), les astronomes savent que le Soleil, comme la plupart des étoiles (p. 60-61), est essentiellement composé d'hydrogène. Dans son noyau, les atomes d'hydrogène subissent des pressions telles qu'ils se transforment en hélium par fusion thermonucléaire, comme dans une bombe atomique. Chaque minute, notre étoile convertit ainsi en énergie 240 millions de tonnes de sa masse selon la fameuse formule d'Albert Einstein, $E = mc^2$, qui signifie que matière et énergie sont interchangeables (p. 63). Ainsi s'explique le formidable rayonnement du Soleil.

▲ Le coronographe
Bernard Lyot (1897-1952), un astronome français, inventa le coronographe en 1930. Cet instrument spécial permet l'étude permanente de la couronne du Soleil et des protubérances sans avoir besoin d'attendre une éclipse.

▲ Observer le Soleil
Bien que notre étoile soit située à plus de 149 millions de kilomètres de la Terre, ses rayons sont encore assez intenses pour nous brûler les yeux et il ne faut jamais les observer directement, surtout à travers des instruments grossissants. Cet astronome de l'observatoire national de Kitt Peak, en Arizona, aux États-Unis, observe le Soleil indirectement. Deux miroirs placés au sommet du télescope solaire renvoient l'image du Soleil à travers un tube en direction d'un miroir situé en contrebas. L'intérieur du tube est maintenu sous vide afin d'éviter les distorsions de l'image que causerait de l'air à l'intérieur du tube.

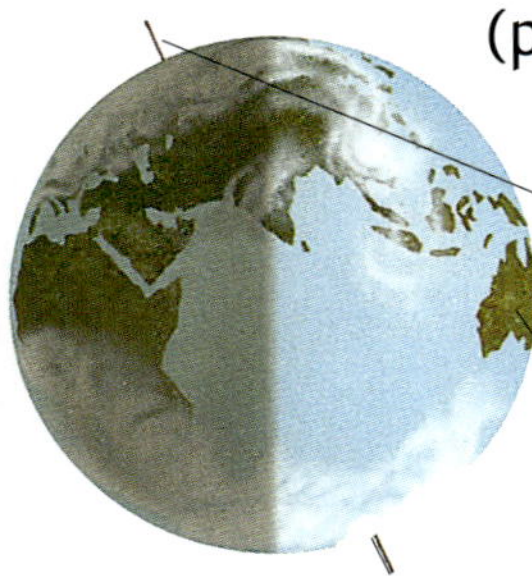

▲ Les changements de saison
Le phénomène des saisons est dû au fait que l'axe nord-sud de la Terre, sur lequel elle est en rotation tandis qu'elle gravite elle-même autour du Soleil, est incliné de 23,5° par rapport au plan orbital de la planète. Lorsque le pôle Sud est orienté vers le Soleil, c'est l'été dans l'hémisphère Sud, et c'est l'hiver dans l'hémisphère Nord. Vue de la Terre, la trajectoire du Soleil dans le ciel change aussi d'une saison à l'autre. Il est plus bas en hiver, et les jours sont plus courts ; il est plus haut en été, et les jours sont plus longs.

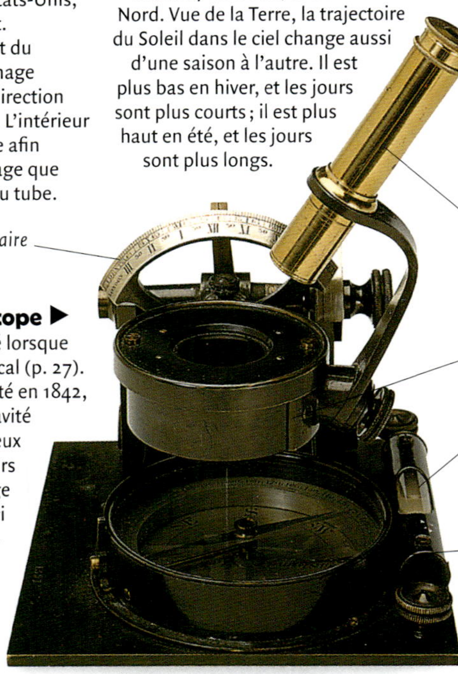

Le dipléidoscope ▶
Il est midi en un lieu donné lorsque le Soleil passe le méridien local (p. 27). Le dipléidoscope, inventé en 1842, renferme dans une cavité un prisme rectangle dont deux des faces sont des miroirs réfléchissant chacun une image du Soleil. Lorsque celui-ci passe directement au-dessus de notre tête, ses deux reflets se résolvent en une image unique, à l'intersection des deux miroirs. On détermine ainsi l'instant de midi.

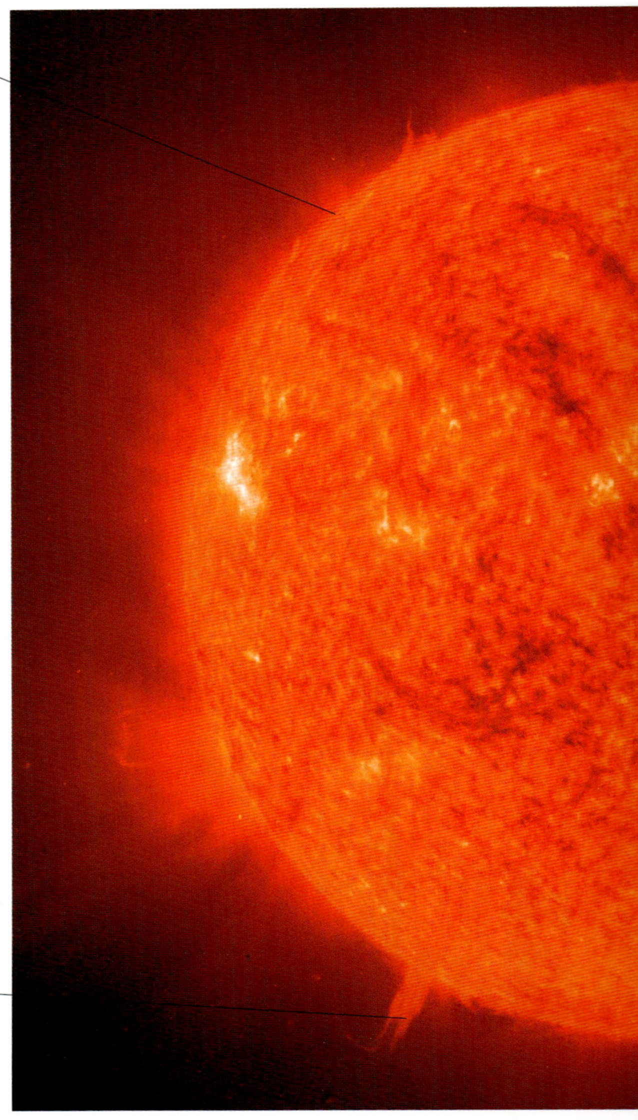

La couronne ▶
Les couches externes du Soleil forment ce qu'on appelle la couronne. Bien qu'elle s'étende dans l'espace sur quelques millions de kilomètres, on ne peut la voir parce que le bleu du ciel nous éblouit. Pendant une éclipse totale, par contre, la couronne nous apparaît sous la forme d'un halo brillant autour de la Lune comme sur cette photographie prise à Mexico en mars 1970.

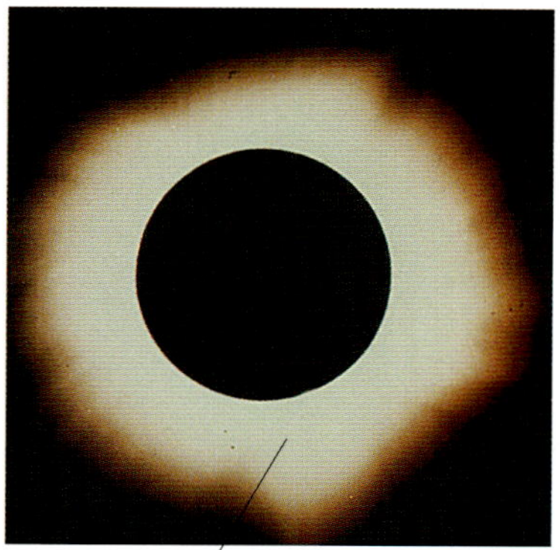

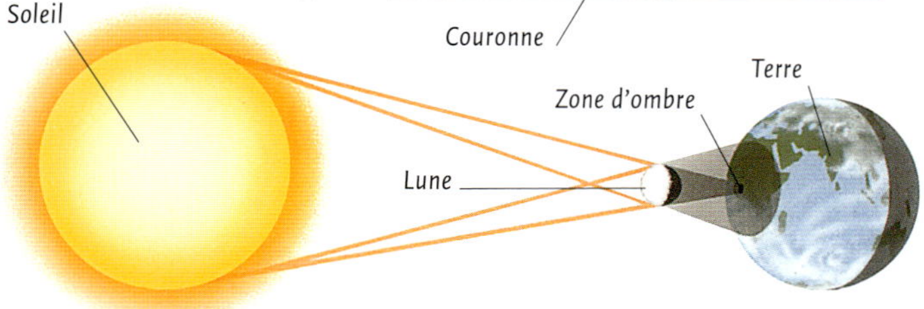

L'éclipse solaire ▲
Ce phénomène a lieu lorsque la nouvelle lune se trouve exactement entre la Terre et le Soleil (ci-dessus). Vue de la Terre, la Lune occulte partiellement ou totalement le disque solaire. Les éclipses totales sont très rares, où que l'on se place sur la planète, et ne se reproduisent au même lieu que tous les 360 ans environ. Il est néanmoins possible d'observer chaque année plusieurs éclipses solaires, mais pour cela, il ne faut pas avoir peur de voyager.

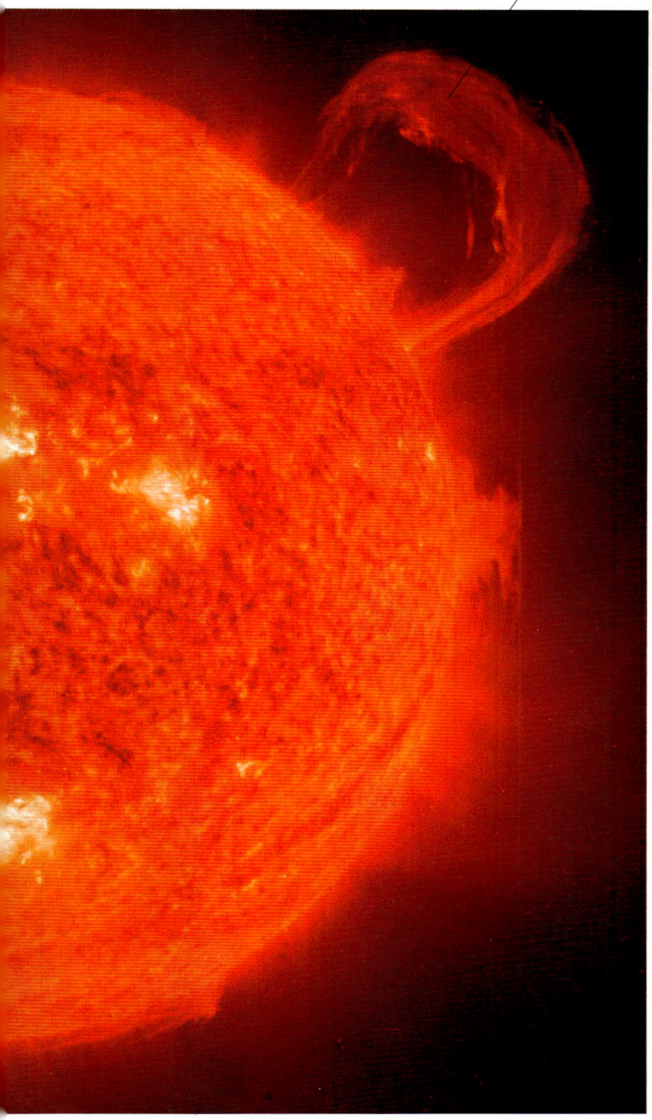

Les taches solaires

Les taches solaires sont des zones plus froides où de puissants champs magnétiques perturbent la remontée de chaleur depuis le noyau vers la photosphère. En général, elles durent environ une semaine et sont deux fois plus grosses que la Terre, se formant souvent par paires ou en groupe. Leur nombre varie selon une période de onze ans, que l'on appelle le cycle solaire. Au maximum de ce cycle, le Soleil connaît également des éruptions explosives appelées protubérances, qui éjectent des flux de particules dans l'espace.

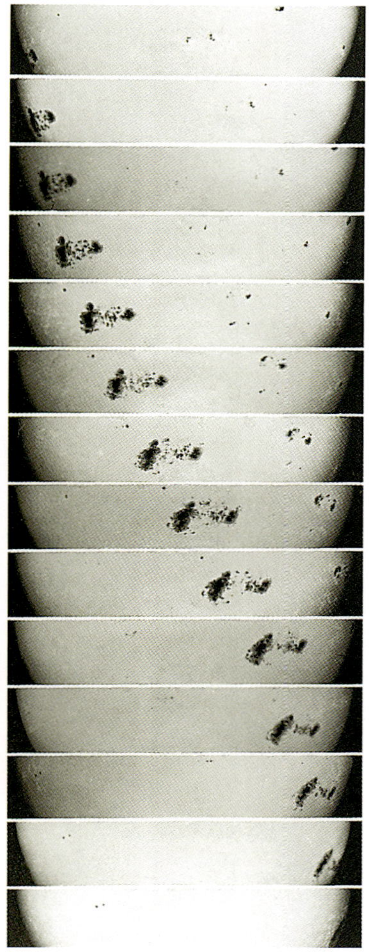

Le suivi des taches ▶
L'observation du changement de position des taches solaires nous permet de comprendre la rotation du Soleil. Celui-ci, parce qu'il est gazeux, ne tourne pas d'un seul bloc, à la différence des planètes telluriques. L'équateur du Soleil a besoin de 25 jours terrestres pour accomplir une révolution complète, tandis que les pôles mettent 30 jours. Ces photographies sont l'enregistrement des mouvements d'un groupe de taches sur 14 jours, en mars-avril 1947.

Les boucles coronales ▲
D'immenses boucles de gaz brûlants jaillissent à travers la couronne solaire, guidées par les champs magnétiques. Leur diamètre est environ 30 fois plus grand que celui de la Terre. Cette photo a été réalisée dans l'extrême ultraviolet depuis l'espace par le satellite TRACE de la NASA, lancé en 1998 pour étudier le Soleil.

◀ Les éruptions solaires
Les astronomes ont beaucoup appris sur le Soleil grâce aux observatoires solaires spatiaux, tel SOHO. L'image à gauche, obtenue par ce satellite montre la lumière ultraviolette de la chromosphère, une couche de gaz très chauds enveloppant le disque jaune visible. Une énorme éruption est en train de se produire (en haut à droite) dans la couronne. Des éruptions comme celle-ci durent généralement quelques heures. Elles peuvent retomber ou se briser et provoquer des éjections de gaz dans l'espace. Parfois, la couronne en éjecte des nuages si vastes que si l'un d'eux atteint la Terre, il peut provoquer un orage magnétique et des aurores polaires. De moindre ampleur, les protubérances restent confinées aux abords de la chromosphère.

Caractéristiques du soleil

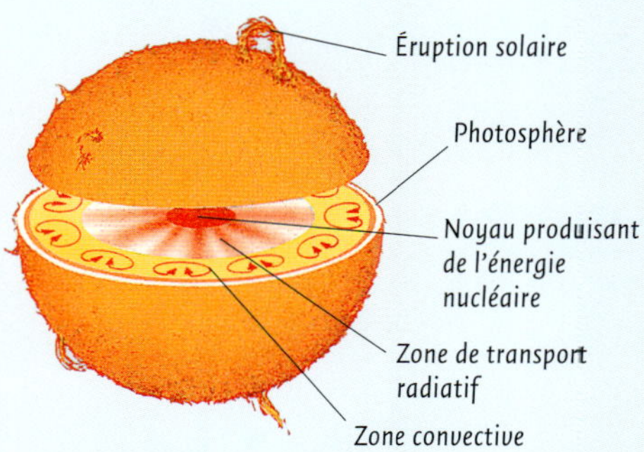

- **Diamètre équatorial :** 1,4 million de km
- **Distance Terre-Soleil :** 150 millions de km
- **Période de rotation :** 25 jours terrestres (à l'équateur)
- **Volume (Terre = 1) :** 1 306 000
- **Masse (Terre = 1) :** 333 000
- **Densité (eau = 1) :** 1,41
- **Température superficielle :** 5 500 °C

La Lune

La Lune, unique satellite de la Terre, tourne autour de celle-ci à environ 384 400 km. Après le Soleil, c'est l'objet le plus lumineux du ciel. À l'œil nu, on peut voir à sa surface de vastes étendues sombres. Les observateurs d'antan pensaient qu'il pouvait s'agir d'étendues marines et les ont appelées des « mers ». Mais nous savons aujourd'hui qu'il n'existe ni eau ni atmosphère sur la Lune. Les mers lunaires sont en réalité de vastes plaines volcaniques où des laves en fusion se sont répandues jadis dans d'immenses dépressions provoquées par des chutes de météorites géantes. On admet généralement que l'activité volcanique a cessé sur la Lune il y a au moins 1 milliard d'années mais des études récentes suggèrent qu'une activité réduite aurait pu subsister il y a moins de 100 millions d'années.

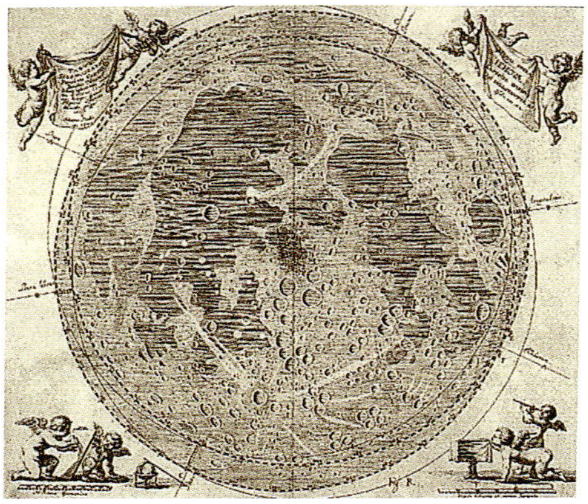

▲ Une carte de la Lune

La Lune nous montre toujours la même face car elle tourne sur elle-même à la même vitesse qu'elle tourne autour de la Terre. Si son mouvement était circulaire et uniforme, on ne pourrait jamais voir que 50 % de sa surface. En réalité, sa trajectoire est elliptique et sa vitesse orbitale varie. De ce fait, on peut observer au cours d'une révolution près de 59 % de sa surface. Cela se traduit par un balancement apparent nommé libration. En 1647, Johannes Hevelius (1611-1687) publia *Selenographia*, le premier atlas lunaire détaillé, dans lequel il décrivait les librations de la Lune.

◀ Le cratère Copernic

On a donné aux cratères lunaires les noms d'astronomes ou de philosophes célèbres. Ces cratères sont la trace du bombardement de la Lune par d'innombrables astéroïdes et comètes il y a 4,5 à 3,9 milliards d'années. Les trous d'impacts sont restés tels quels depuis cette époque car, la Lune n'ayant pas d'atmosphère, il n'y a quasiment aucune érosion à sa surface. On voit sur cette maquette le cratère Copernic, qui mesure 93 km de diamètre pour 3 760 m de profondeur. Le plus haut des pics montagneux situés à l'intérieur de l'arène culmine à 1 200 m au-dessus du fond du cratère et l'enceinte montagneuse domine de 900 m la plaine qui l'entoure.

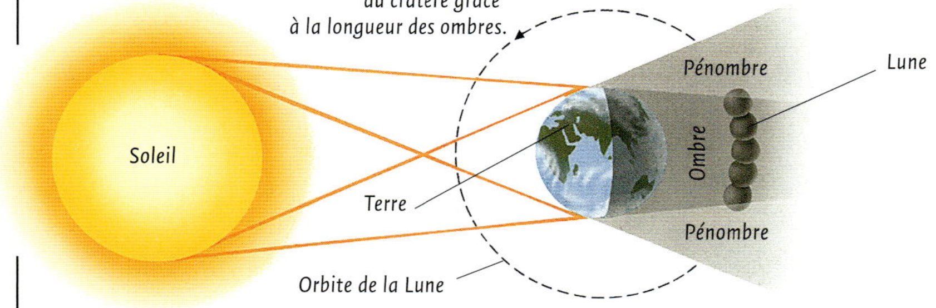

▲ L'éclipse de Lune

Ce phénomène a lieu lorsque la Terre passe exactement entre le Soleil et la pleine lune, de sorte que l'ombre de la Terre se projette sur la Lune. Notre satellite se voile alors pendant environ deux heures.

◀ Les tables des marées

Les marées sont dues à l'action conjuguée des forces de gravitation de la Lune et du Soleil. Lorsque ces deux astres et la Terre sont alignés (nouvelle lune ou pleine lune), la force d'attraction, et donc l'amplitude des marées, est maximale (grandes marées, dites de vive-eau). Lorsque la Lune et le Soleil forment avec la Terre un angle de 90°, l'amplitude est minimale (marées de morte-eau). Sur les cadrans de cet abrégé (1569) des tables indiquent les marées dans un certain nombre de villes européennes.

Les phases de la Lune ▶
Notre satellite n'émet pas de lumière par lui-même, il réfléchit celle du Soleil. La portion de sa surface éclairée visible depuis la Terre varie au cours du temps, en fonction de l'angle qui sépare la Lune du Soleil par rapport à la Terre. C'est ce qui provoque les phases. Celles-ci décrivent des cycles de 29 jours, un peu plus que la durée d'une révolution complète autour de la Terre (27,3 jours).

4e jour, croissant ascendant | 14e jour, pleine lune | 19e jour, lune gibbeuse décroissante | 21e jour, dernier quartier | 24e jour, croissant descendant

La surface de la Lune ▶
La topographie de la face cachée de la Lune était encore un mystère à la fin des années 1950. Cette vue en a été prise en 1969 par la mission Apollo 11. L'un des premiers objectifs de l'exploration lunaire était de rapporter des échantillons de roche pour les étudier et comprendre leur origine. La Lune est faite de matériaux similaires mais pas identiques à ceux que l'on trouve sur Terre. Elle renferme moins de métaux mais, comme sur Terre (p. 43), les minéraux principaux sont des silicates, quoique d'une composition légèrement différente. Cela corrobore l'hypothèse la plus répandue de la formation de la Lune selon laquelle une petite planète environ de la taille de Mars serait venue heurter la jeune Terre il y a environ 4,5 milliards d'années. La collision aurait arraché aux deux corps des débris à partir desquels la Lune se serait formée.

La lumière polarisée du microscope fait apparaître des couleurs.

La limpidité de la roche montre qu'il n'y a pas eu d'altération érosive.

◀ Les roches lunaires
Les géologues ont étudié les échantillons lunaires comme des roches terrestres : en les découpant en tranches fines et en les observant au microscope. Les minéraux, essentiellement des feldspaths et de l'olivine, qui sont abondants sur Terre, ne sont pas du tout altérés par l'érosion, inexistante sur la Lune. Pour les géologues, c'est exceptionnel car sur Terre, il n'existe pas de roche épargnée par l'érosion.

◀ Un globe lunaire
La sélénographie est l'étude topographique de la surface lunaire. Ce sélénographe est l'œuvre de l'artiste anglais John Russell, en 1797. À peine plus de la moitié de la surface de la Lune a pu être dessinée parce qu'à l'époque les détails de la face cachée étaient encore inconnus. Il fallut attendre que les Russes reçoivent les premières images transmises par Luna 3, en octobre 1959 (p. 34), pour compléter la carte.

Caractéristiques de la Lune

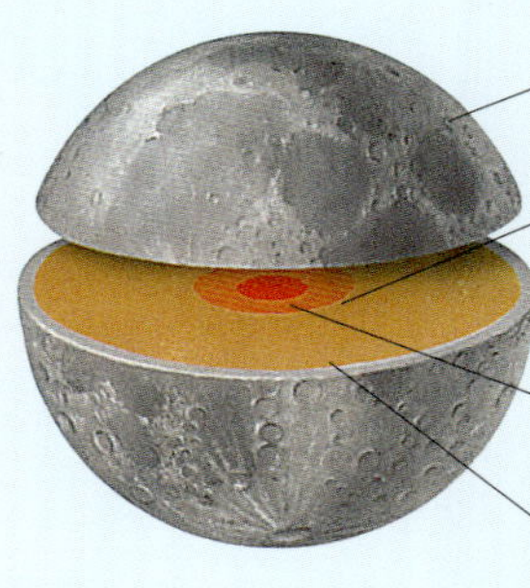

- **Intervalle entre deux nouvelles lunes :** 29 j 12 h 44 min
- **Température superficielle :** –185 °C à +130 °C
- **Période de rotation :** 27,3 jours terrestres
- **Distance moyenne à la Terre :** 384 400 km
- **Volume (Terre = 1) :** 0,02
- **Masse (Terre = 1) :** 0,012
- **Densité (eau = 1) :** 3,34
- **Diamètre équatorial :** 3 476 km

La Terre

La Terre est la seule planète du Système solaire où une vie évoluée est possible grâce à la présence d'eau liquide, d'une atmosphère riche en oxygène et d'une dynamique climatique. Au cours des millions d'années, la forme des terres émergées et des océans n'a cessé de changer sous l'effet de la dérive des plaques de la croûte terrestre ; des montagnes se sont dressées, puis ont été érodées. L'atmosphère, quant à elle, agit comme une couverture isolante tendant à uniformiser les températures et à maintenir la Terre au chaud grâce à l'« effet de serre » (p. 47) qu'elle produit. Sans elle, la température moyenne à sa surface serait de 33 °C inférieure. Depuis quelques décennies, cependant, les scientifiques constatent une augmentation graduelle de la température sur Terre. Glaciers et calottes polaires ont commencé à fondre et l'on sait désormais que les activités humaines en sont en grande partie responsables car elles provoquent l'augmentation, dans l'atmosphère, du dioxyde de carbone et d'autres gaz à effet de serre.

▲ La nutation
À cause de l'attraction gravitationnelle de la Lune (p. 41), la Terre se balance légèrement sur son axe. Ce phénomène, appelé nutation, fut mis en évidence par l'astronome anglais James Bradley (1693-1762, ci-dessus) qui expliqua ainsi les irrégularités observées dans les trajectoires de nombreuses étoiles.

◀ Une géographie en évolution perpétuelle
La croûte terrestre est faite de plusieurs plaques qui se déplacent continuellement sous l'influence des courants ascendants et descendants existant entre la surface de la Terre et son cœur de métal en fusion. Là où les plaques entrent en collision, la croûte se soulève et forme des chaînes de montagnes que l'érosion abrase. Les contraintes nées de ces mouvements provoquent des tremblements de terre et des éruptions volcaniques.

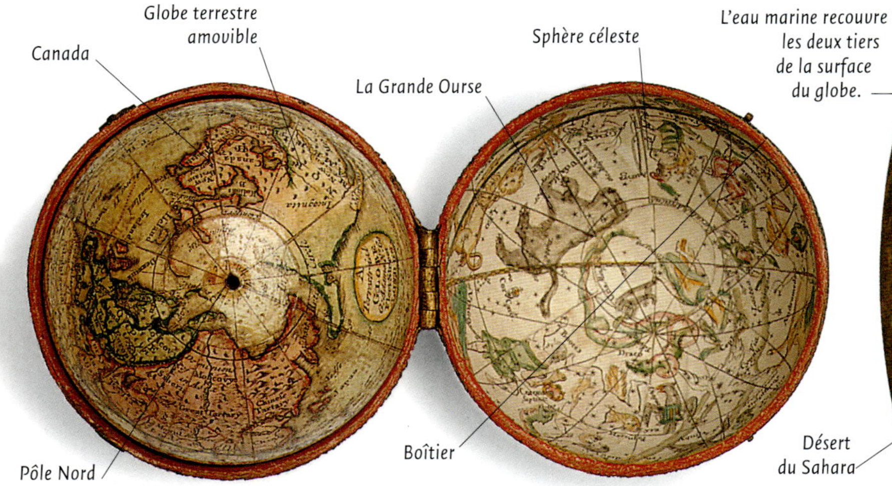

▲ Un globe de poche
Un globe est utile à celui qui veut connaître la configuration de la surface terrestre. Ce globe de poche du XIXe siècle résumait l'aspect du monde du point de vue géopolitique ; les continents étaient divisés en nations ou en sphères d'influence. À l'intérieur du boîtier se trouve une carte de la sphère céleste (p. 12-13) où figurent toutes les constellations.

Collenia

Les fossiles ▲

Les plantes et animaux ensevelis dans les couches sédimentaires se transforment lentement en roches et deviennent des fossiles. Cette roche contient les restes fossilisés d'une algue minuscule qui était l'une des premières formes de vie.

▼ La vie sur Terre

Les premiers êtres vivants étaient des micro-organismes qui recyclaient le dioxyde de carbone de l'air en oxygène par photosynthèse. Les animaux apparurent lorsqu'il y eut dans l'atmosphère et les océans suffisamment d'oxygène pour leur permettre de respirer. La connaissance des formes de vie passées nous vient des fossiles qu'elles ont laissés dans les roches. La survie d'une catégorie d'êtres vivants est liée à la stabilité de son environnement naturel. Les dinosaures, par exemple, parfaitement adaptés à leurs milieux, se sont éteints lorsque ceux-ci furent bouleversés il y a 65 millions d'années.

***Edmontosaurus*, dinosaure herbivore**

Population et pollution ▶

De nombreux scientifiques se demandent si l'espèce humaine ne pourrait pas, comme d'autres, s'éteindre aussi un jour. Mais si les dinosaures semblent avoir été les victimes passives des changements de la planète, les hommes, eux, jouent un rôle actif dans la destruction de leur environnement. En 2012, nous étions déjà plus de 7 milliards d'habitants polluant la planète. Outre notre responsabilité dans le réchauffement global dû à l'effet de serre, nous rejetons des produits chimiques qui endommagent l'environnement à l'échelle globale.

L'atmosphère ▶

Notre atmosphère s'étend au-dessus de nous sur environ 1 000 km d'épaisseur. Elle permet la vie et nous protège des effets nocifs des rayons du Soleil. Elle se compose de plusieurs couches, mais la troposphère, celle où nous vivons et qui contient l'oxygène dont nous avons besoin, n'est épaisse que de 10 km.

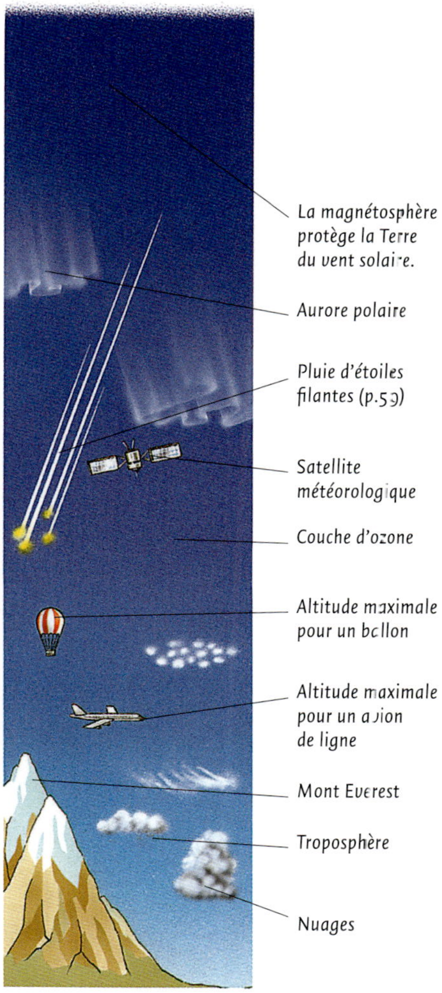

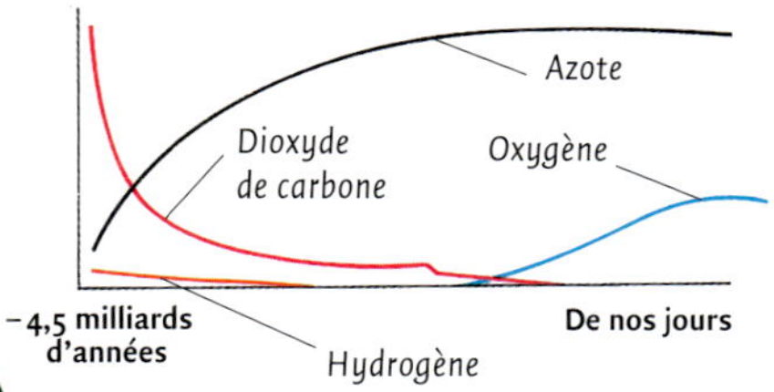

◀ L'évolution de l'atmosphère

Depuis que la Terre s'est formée, la composition chimique de l'atmosphère a évolué. La proportion de dioxyde de carbone a diminué de façon significative au cours de la période allant de 4,5 à 3 milliards d'années avant notre ère. La teneur en azote a augmenté dans les mêmes proportions. Le pourcentage d'oxygène a commencé à s'élever vers la fin de cette période grâce à l'activité d'organismes primitifs transformant le dioxyde de carbone en oxygène par photosynthèse.

◀ La Terre sphérique

Au Ve siècle av. J.-C., les philosophes grecs pensaient déjà que la Terre était sphérique et, à partir du IIIe siècle av. J.-C., une série d'expériences permit de le prouver. Mais il a fallu attendre le lancement des premiers satellites à la fin des années 1950 pour que les hommes voient à quoi leur planète ressemble vue de l'espace. Plus des deux tiers du globe sont recouverts par les océans ; c'est cette abondance d'eau liquide qui fait de la Terre une planète d'exception. L'érosion, les marées, les différents climats, la variété des espèces vivantes, tout cela est dû à la présence de l'eau et modèle une planète dynamique en évolution permanente. Il y a plus d'eau dans le désert du Sahara que sur toute la planète Vénus (p. 46-47).

Caractéristiques de la Terre

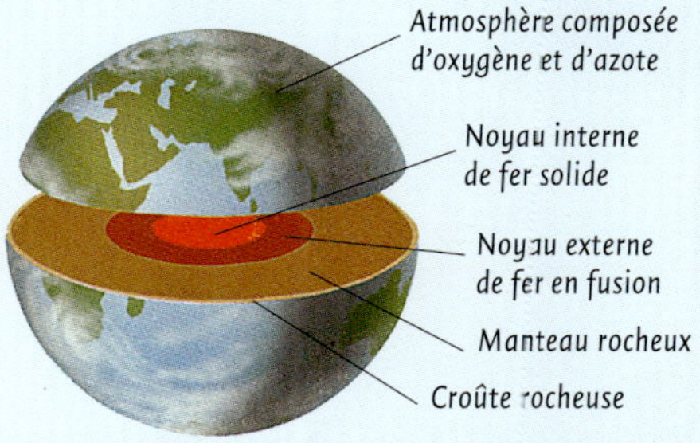

- **Période de révolution sidérale :** 365,26 jours
- **Température :** –93,2 °C à + 56,7 °C
- **Période de rotation sidérale :** 23 h 56 min
- **Distance moyenne au Soleil :** 149,6 millions de km
- **Volume :** $1{,}1 \times 10^{21}$ m^3
- **Masse :** $5{,}98 \times 10^{24}$ kg
- **Densité (eau = 1) :** 5,52
- **Diamètre équatorial :** 12 760 km
- **Nombre de satellites :** 1 (la Lune)

Mercure, la plus proche du Soleil

Mercure effectue une révolution complète en seulement 88 jours terrestres ; c'est la planète la plus rapide. Pour cette raison, on lui a donné le nom du messager des dieux romains. Comme Vénus, elle présente des phases (p. 20), mais elle est difficile à observer. En effet, bien que la lumière qu'elle réfléchisse fasse d'elle l'un des astres les plus brillants, elle n'est jamais assez éloignée du Soleil pour qu'on puisse la voir sur fond de ciel nocturne. Elle apparaît, au ras de l'horizon, comme une étoile du matin juste avant l'aube ou une étoile du soir juste après le crépuscule. Cette proximité du Soleil fait que la température à la surface de Mercure peut faire fondre les métaux le jour et retomber la nuit à –180 °C, ce qui constitue la plus grande amplitude thermique du Système solaire. En outre, les très hautes températures y font vibrer à un point extrême la moindre molécule gazeuse, ce qui, combiné à la faiblesse du champ gravitationnel de la planète, empêche la formation de toute atmosphère.

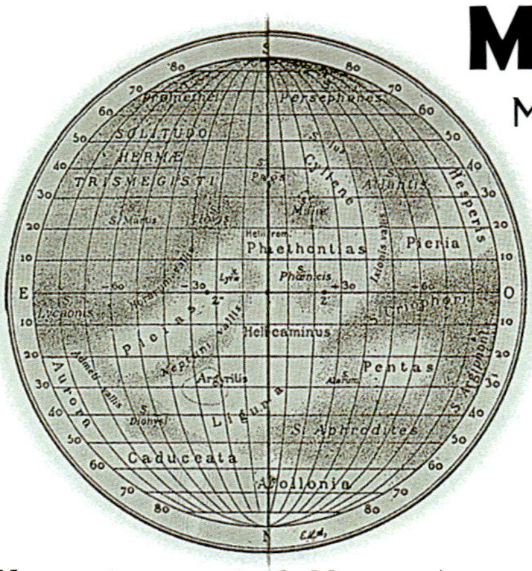

Une ancienne carte de Mercure ▲
Beaucoup d'astronomes ont essayé de faire des relevés de l'insaisissable surface de Mercure, mais le plus prolifique fut le Français Eugène Antoniadi (1870-1944), de l'observatoire de Meudon. Ses cartes, qu'il dessina entre 1924 et 1929, montrent d'immenses vallées et déserts (ci-dessus). Les photos rapprochées réalisées par les sondes Mariner 10 et Messenger en révélèrent une image bien différente.

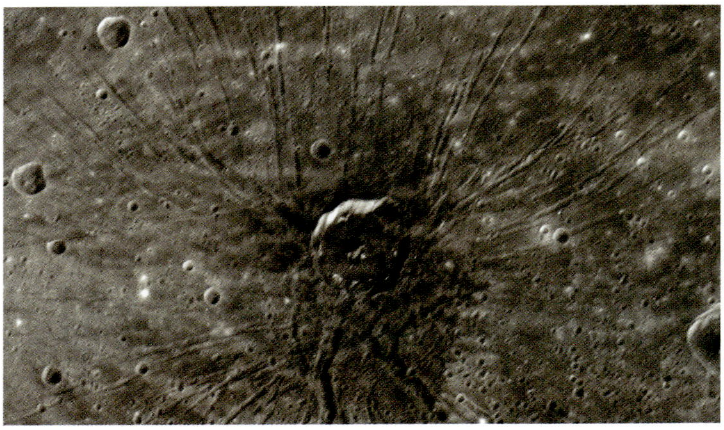

▲ Un sol très marqué
La surface de Mercure ponctuée de cratères ressemble beaucoup à celle de la Lune (p. 40). Comme sur notre satellite, les cratères se sont formés lors de la chute de météorites et l'absence d'atmosphère, donc d'érosion, les a conservés intacts. En 2008, la sonde Messenger a révélé une étrange structure surnommée l'« araignée » : le cratère Apollodorus, de 40 km de diamètre, situé au centre d'un réseau de failles rayonnantes. Les chercheurs ne sont pas parvenus à s'accorder sur une théorie expliquant sa formation.

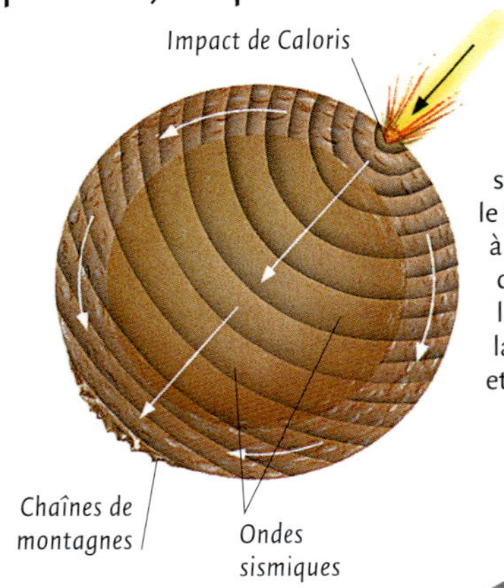

◀ Ondes sismiques
L'impact d'une énorme météorite (p. 59) sur Mercure a créé un immense cratère, le bassin Caloris, et donné naissance à une onde de choc, ou onde sismique, qui s'est propagée à travers le noyau semi-liquide de la planète. L'onde a voyagé jusqu'à la face opposée où elle a déformé la croûte et soulevé des chaînes de montagnes.

▲ À la découverte de mercure
En 2004, la NASA lança la sonde Messenger avec pour mission d'explorer Mercure, la première depuis Mariner 10 en 1974–75. Après avoir effectué trois passages en survol aux abords de la planète, elle s'est placée en orbite autour d'elle en mars 2011.

La surface de Mercure ▶
Cette image est une mosaïque de photos réalisées par la sonde Messenger alors qu'elle s'éloignait de Mercure lors de son premier survol en 2008. Elle montre une portion de la planète qui n'avait jamais été photographiée jusque-là par les sondes. La surface de Mercure est ponctuée de nombreux cratères suite à une longue période de bombardement par les astéroïdes il y a environ 4 milliards d'années. Les plaines sont les sites d'anciennes coulées de lave. On y observe également des séries de rides sinueuses et d'escarpements qui semblent témoigner du fait que la planète s'est contractée depuis sa formation.

Mesurer les planètes

S'il est facile de peser et mesurer un objet sur Terre, il en va tout autrement des objets célestes. Pour établir l'espace qu'occupe une planète (son volume), la quantité de matière qu'elle renferme (sa masse) et sa densité, il faut étudier son comportement, l'attraction gravitationnelle qu'elle exerce sur les objets voisins, et les données récoltées par les sondes.

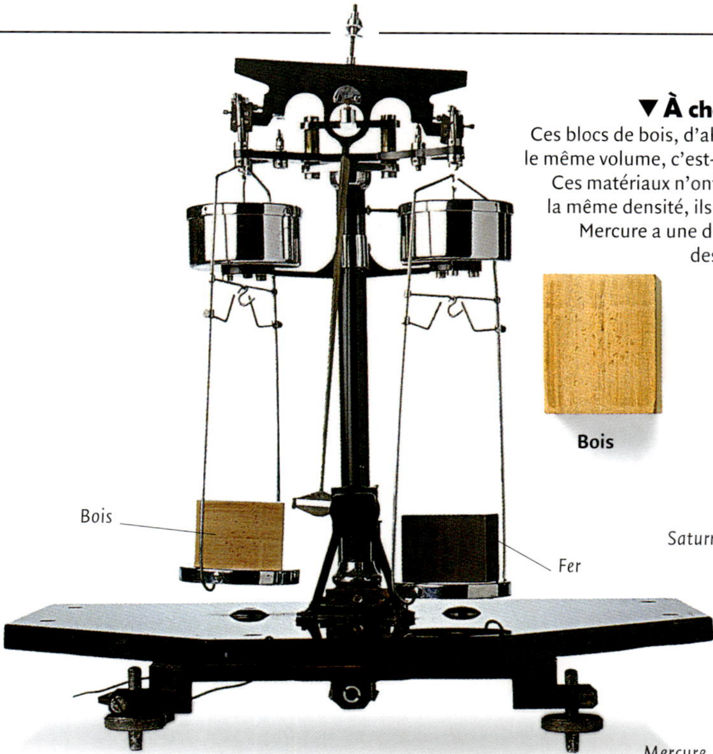

Pour mesurer la masse ▲

La masse d'un objet correspond à la quantité de matière qu'il contient. On utilise une balance à trébuchet pour trouver la masse d'un matériau. Prenons un morceau de bois et un de fer de volume identique et plaçons-les sur les plateaux de la balance. C'est le fer qui a la masse la plus importante. En divisant la masse (mesurée en grammes) du bois et celle du fer par leur volume (mesuré en centimètres cubes), on calcule leur masse volumique qui, rapportée à celle de l'eau, donne leur densité. On constate que le fer est un matériau plus dense que le bois.

▼ À chacun sa mesure

Ces blocs de bois, d'aluminium et de fer occupent tous le même volume, c'est-à-dire la même portion d'espace. Ces matériaux n'ont cependant pas la même masse ni la même densité, ils ne pèsent donc pas le même poids. Mercure a une densité plus importante que celle des grosses planètes.

◀ La comparaison des densités

Mercure a une masse importante pour sa taille car sa densité est presque aussi élevée que celle de la Terre alors qu'elle est beaucoup plus petite que cette dernière. Les astronomes pensent que Mercure doit avoir un noyau ferreux volumineux occupant presque les trois quarts de son rayon (l'existence d'un champ magnétique, comme l'a observé Mariner 10, semble d'ailleurs le prouver). Lorsque l'on compare les densités de Mercure et de la géante gazeuse Saturne (p. 52-53), on constate que Saturne flotterait sur l'eau alors que Mercure, dont la densité est sept fois plus importante, coulerait à pic.

La période orbitale ▶

L'attraction gravitationnelle de la Terre a stabilisé la rotation de la Lune de telle sorte que celle-ci nous présente toujours la même face (p. 40). Cela implique que la période de rotation de la Lune sur elle-même est égale à sa période de révolution autour de la Terre. Comparativement, Mercure suit une orbite autour du Soleil plus elliptique (ovale) que celle de la Lune autour de la Terre. De ce fait, sa période orbitale est 1,5 fois plus longue que sa période de rotation sur elle-même. Une année mercurienne (temps que met la planète pour faire un tour du Soleil) dure 88 jours terrestres, tandis qu'une journée mercurienne (temps qu'elle met pour faire un tour sur elle-même) équivaut à 58,6 jours terrestres.

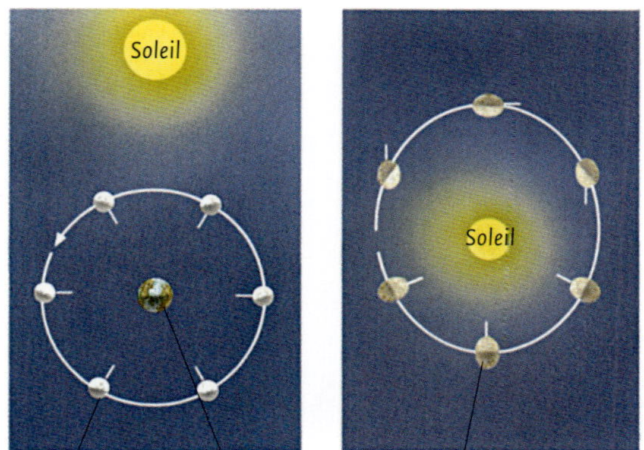

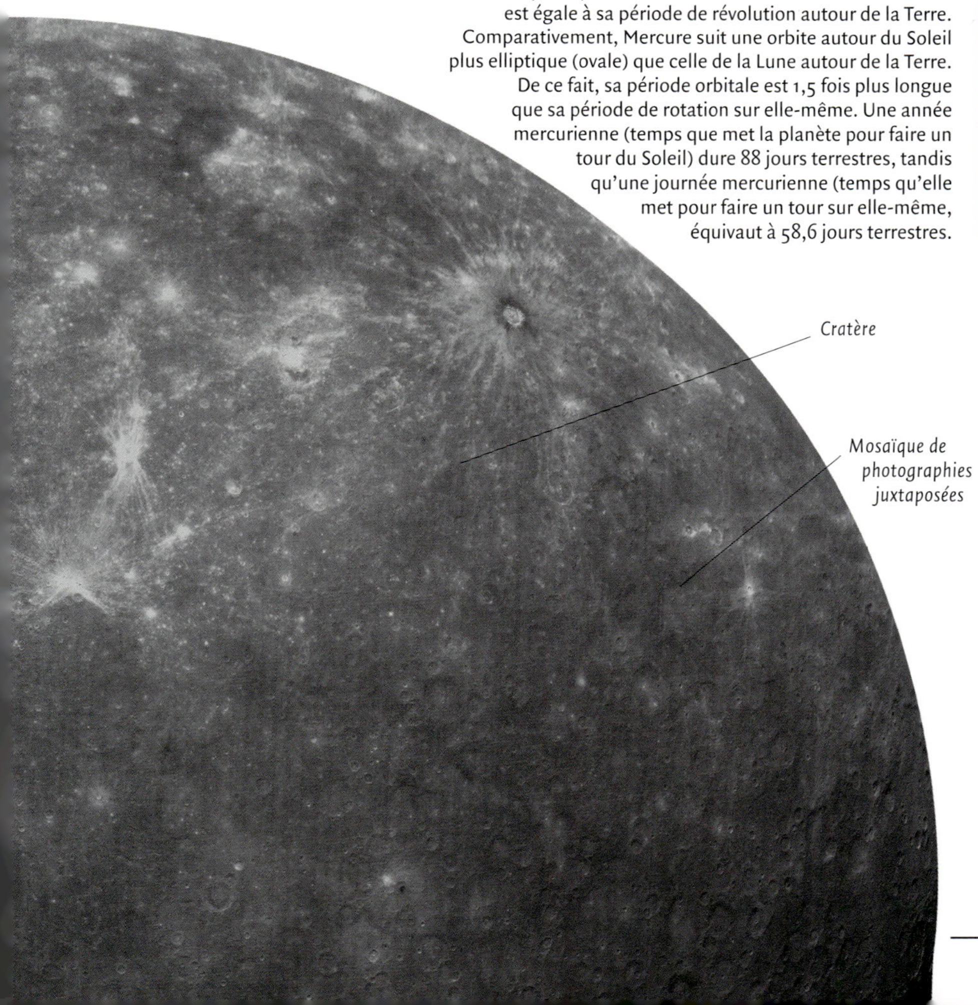

Caractéristiques de Mercure

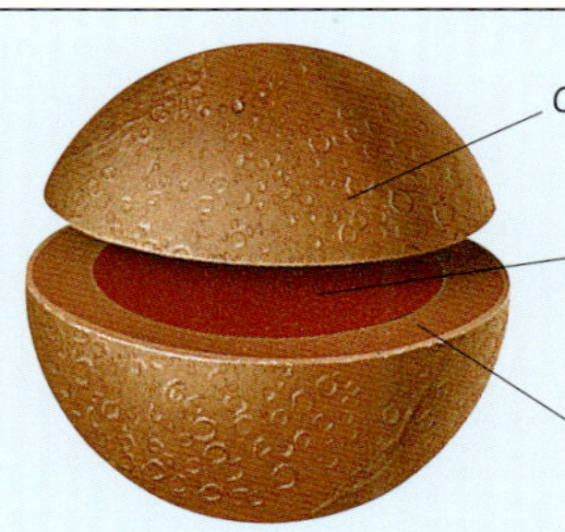

- **Période de révolution sidérale :** 88 jours terrestres
- **Température à la surface :** –183 °C à +427 °C
- **Période de rotation sidérale :** 58,6 jours terrestres
- **Distance moyenne au Soleil :** 57,9 millions de km
- **Volume (Terre = 1) :** 0,056
- **Masse (Terre = 1) :** 0,055
- **Densité (eau = 1) :** 5,44
- **Diamètre équatorial :** 4 878 km
- **Nombre de satellites :** 0

Vénus

À la voir étinceler au firmament, Vénus est souvent prise pour une étoile. Elle est, après la Lune, l'objet le plus brillant du ciel nocturne. Sa taille étant proche de celle de la Terre, les astronomes ont supposé jusqu'au XXe siècle qu'elle devait lui ressembler. Les sondes envoyées pour l'explorer ont montré que ce n'est pas le cas. Vénus est enveloppée de nuages si denses que même les plus puissants télescopes ne peuvent voir sa surface. Seule l'utilisation des ondes radar permet de tracer une carte du sol de la planète. Les scientifiques connaissent la durée du jour vénusien depuis qu'il a été possible d'établir sa topographie, faite surtout de plaines faiblement vallonnées et de hauts plateaux. L'atmosphère vénusienne est irrespirable ; elle est constituée d'un mélange de dioxyde de carbone et d'acide sulfurique, responsable d'un effet de serre très intense qui emprisonne la chaleur. Les Anciens, quant à eux, ne voyaient en Vénus qu'une très jolie planète brillante. C'est pourquoi ils lui donnèrent le nom de la déesse de l'Amour. Presque toutes les structures présentes à sa surface ont reçu des noms de femmes : Pavlova, Sappho, Phœbé...

▲ Vénus dans la nuit
Sur cette photographie prise depuis la Terre, on voit le croissant de la Lune et Vénus (en haut, à gauche). Brillante comme une lanterne au crépuscule, la planète lointaine nous apparaît si belle qu'on serait tenté de croire que la vie y est merveilleuse.

◀ Le calcul des distances
Une des manières de calculer la distance de la Terre au Soleil est de mesurer le temps de passage d'une planète devant le disque solaire. En 1769, de nombreuses expéditions furent envoyées à Tahiti pour observer le passage de Vénus devant notre étoile. Les calculs issus de ces observations permirent aux astronomes de déduire les distances relatives de l'ensemble des objets du Système solaire. Le capitaine Cook, explorateur britannique (ci-contre), dirigeait l'une de ces expéditions.

Caractéristiques de Vénus

- **Période de révolution sidérale :** 224,7 jours terrestres
- **Température superficielle :** 462 °C
- **Période de rotation sidérale :** 243 jours terrestres
- **Distance moyenne au Soleil :** 108 millions de km
- **Volume (Terre = 1) :** 0,86
- **Masse (Terre = 1) :** 0,815
- **Densité (eau = 1) :** 5,25
- **Diamètre équatorial :** 12 104 km
- **Nombre de satellites :** 0

L'observation rapprochée de Vénus ▶
Les États-Unis envoyèrent en 1978 la sonde Pioneer Orbiter, conçue pour cartographier la surface de Vénus au moyen d'échos radar, sans avoir besoin de pénétrer dans l'atmosphère dense de la planète. Elle fut suivie en 1989 par la sonde Magellan qui a produit de nombreuses images radar analysées par des ordinateurs qui reconstruisirent la topographie de la planète. Notons, même s'il ne s'agit pas d'observation rapprochée, que radiotélescope d'Arecibo à Porto Rico (p. 32), a permis aussi de dresser des cartes de Vénus. Enfin, entre avril 2006 et décembre 2014, la sonde européenne Venus Express a effectué une mission d'étude de l'atmosphère de la planète.

Une surface mystérieuse ▶

Même aux plus gros télescopes, l'atmosphère de Vénus reste opaque. Cela conduisit l'astronome russe Mikhaïl Lomonossov (p. 28) à supposer que le sol vénusien était caché par des nuages denses. L'astrophysicien britannique Fred Hoyle (1915-2001, ci-contre) suggéra en 1955 que ces nuages étaient constitués de gouttes de pétrole et qu'il en existait des océans sur Vénus. En fait, les nuages sont faits de gouttelettes d'acide sulfurique dilué et la planète présente une surface volcanique chaude et desséchée.

Les sondes Venera ▶

Au cours des années 1960-1970, l'URSS envoya sur Vénus des sondes baptisées Venera afin d'en étudier le sol et d'en faire des photographies. Les Soviétiques constatèrent avec surprise que leurs trois premières sondes Venera cessaient de fonctionner au moment où elles entraient dans l'atmosphère vénusienne. Les sondes suivantes ont permis d'en comprendre les raisons : la pression atmosphérique de la planète est 90 fois celle de la Terre, l'atmosphère est elle-même très fortement acide et sa température moyenne s'élève à 462 °C.

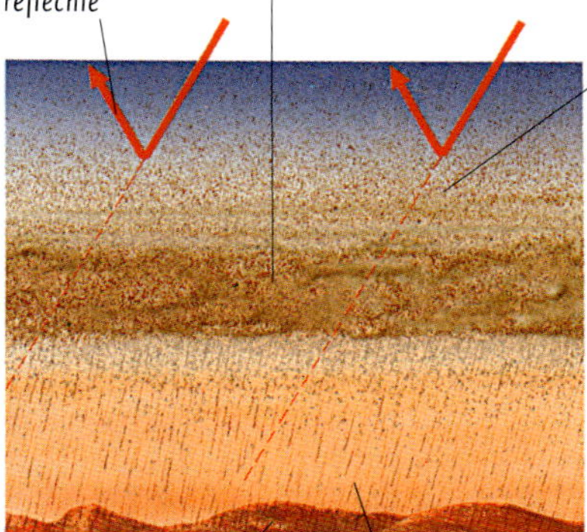

◀ L'effet de serre

La grande quantité de dioxyde de carbone présente dans l'atmosphère de Vénus fait que l'énergie solaire peut pénétrer jusqu'à la surface mais que la chaleur ne peut s'en échapper. Bien qu'une épaisse couche nuageuse protège Vénus de 80 % des rayons solaires, sa température superficielle atteint 460 °C à cause de l'effet de serre.

▲ Atterrissage sur Vénus

Cette image a été envoyée par Venera 13 lorsqu'elle se posa sur Vénus en 1982. On voit sur la gauche une partie de la sonde spatiale, et l'échelle des couleurs, représentée en bas, au milieu de l'image. Il y avait assez de lumière pour prendre la photo, mais la sonde succomba aux terribles conditions atmosphériques au bout d'une heure seulement. Sur les clichés, le sol de Vénus apparaît aride et jonché de roches volcaniques.

Une représentation en trois dimensions ▲

Cette image radar de la partie occidentale de la région d'Eistla, envoyée par la sonde Magellan, montre des coulées de lave volcanique (les traces claires) sillonnant tout le paysage et recouvrant la croûte originelle, et donne de Vénus une vision bien différente de celle qu'elle présente aux instruments incapables de percer son atmosphère. Les couleurs de cette simulation sont basées sur celles enregistrées par les sondes soviétiques Venera. La surface de la planète se compose d'immenses plaines et de hauts plateaux couverts de cratères d'impact et de volcans en activité.

Mars

La planète Mars apparaît orange dans le ciel nocturne. Babyloniens, Grecs et Romains la baptisèrent tous du nom de leur dieu de la Guerre. Il s'agit d'une petite planète, moitié moins grosse que la Terre, mais elle présente avec cette dernière bien des similitudes : elle a des journées d'un peu plus de 24 heures, deux calottes polaires et une atmosphère. Il n'est guère surprenant qu'on ait, depuis toujours, cru pouvoir y déceler l'existence d'une vie extraterrestre. Mais en dépit de ces ressemblances, on sait aujourd'hui que la probabilité de trouver de la vie sur Mars est faible : l'atmosphère y est trop ténue pour que la planète soit vivable, et des rayons ultraviolets mortels atteignent sa surface. Mars est également plus éloignée du Soleil que la Terre, ce qui la rend beaucoup plus froide.

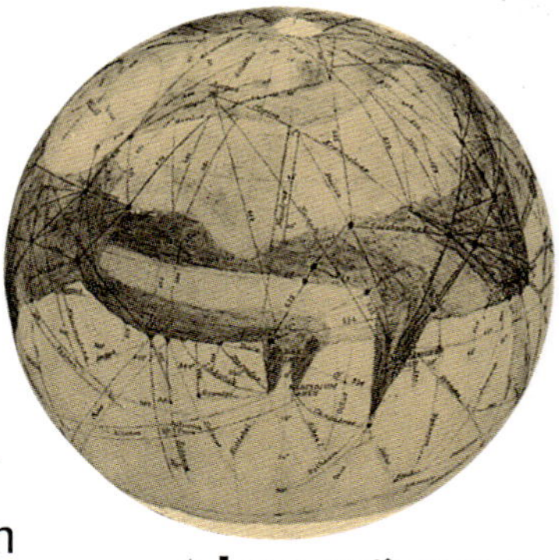

▲ Les premières cartes
En 1659, le scientifique hollandais Christiaan Huygens (1629-1695, p. 53) dessina la première carte de Mars, faisant apparaître à sa surface une marque en forme de V qu'il observait au même endroit toutes les 24 heures. Il s'agissait de la vallée Syrtis Major. Il en conclut, avec raison, que cette apparition régulière indiquait la longueur de la journée martienne. La carte ci-dessus est due à l'Américain Percival Lowell (1855-1916, p. 57), qui dessina une magnifique série de cartes portant les « canaux » observés par Schiaparelli (ci-dessous).

Giovanni Schiaparelli

◀ Des canaux martiens
L'astronome italien Giovanni Schiaparelli (1835-1910) effectua une étude systématique de la surface de Mars. En 1877, il remarqua une série de lignes foncées qui semblaient former une sorte de réseau. Schiaparelli les appela *canali*, terme qui fut traduit par « chenaux » ou « canaux ». On sait aujourd'hui que ces canaux naissaient d'un effet d'optique dû à la forme de la lentille de son télescope. Ces canaux, simple illusion d'optique, furent à l'origine du mythe selon lequel Mars était occupée par une population d'êtres très évolués doués pour l'hydraulique ! C'est Eugène Antoniadi (p. 44) qui dressa la première carte précise de Mars.

◀ À la surface de Mars
L'atmosphère de Mars est très ténue – la gravité de la planète étant faible, les gaz les plus légers se sont échappés dans l'espace (p. 36). Elle est surtout composée de dioxyde de carbone. Mais elle renferme aussi assez de vapeur d'eau, comme l'a révélé la sonde Viking 2, pour que des brumes, des brouillards et des nuages occasionnels se forment. Les photographies prises par Mariner 9, la première sonde en orbite, ont montré une série de vallées sinueuses dans la région de Chryse, que l'on suppose être des lits de cours d'eau asséchés. Mars a aussi des volcans. L'un d'eux, le mont Olympus, est le plus grand du Système solaire. Il existe également des déserts, des canyons et des calottes polaires.

Image de Mars composée par ordinateur à partir des clichés des sondes orbitales Viking (1980)

▲ La glace polaire
Les régions polaires de Mars sont recouvertes d'une mince couche de glace constituée d'un mélange d'eau et de gaz carbonique gelés, donc solides. Cette image de la calotte polaire nord, réalisée par la sonde Mars Express, de l'Agence spatiale européenne, montre des couches de glace d'eau, des champs de dunes et des falaises de près de 2 000 m de haut. Les calottes polaires ne sont pas permanentes ; elles s'étendent et régressent au gré des saisons martiennes.

Un robot curieux ▼

En 2012, le rover Curiosity s'est posé sur Mars. Sa mission est de déterminer si les conditions qui y règnent pourraient ou auraient pu permettre d'y abriter la vie.

▶ À la recherche d'une vie sur Mars

Les sondes Viking 1 et 2, lancées dans les années 1970, étaient équipées pour effectuer des expériences simples sur des échantillons du sol. Elles ne trouvèrent aucun signe de vie.

Assemblage d'une sonde Viking

▲ Global surveyor

Entre 1999 et 2006, la sonde Mars Global Surveyor envoya vers la Terre des milliers d'images en haute résolution de Mars. Elle étudia également le climat de la planète et sa composition chimique.

Le désert martien ▶

Mars ressemble à un immense désert. Les vents y soulèvent des tempêtes de poussière ferrugineuse, laquelle, en suspension dans l'atmosphère, donne au ciel une teinte rougeâtre. Cette vue du sol du cratère Gusev a été réalisée par le rover Spirit en janvier 2004 avant de quitter son atterrisseur et de commencer ses explorations. Les cailloux de basalte qui y sont dispersés sont la preuve que de la lave volcanique s'est écoulée ici dans un lointain passé.

Les lunes martiennes ▶

Mars possède deux petits satellites : Phobos (ci-contre) et Deimos, dont les diamètres sont respectivement de 22 et 13 km. À cause des forces de marée (p. 40), le mouvement de Phobos est freiné et le rayon de son orbite diminue inexorablement. Il devrait donc s'écraser sur Mars dans une cinquantaine de millions d'années.

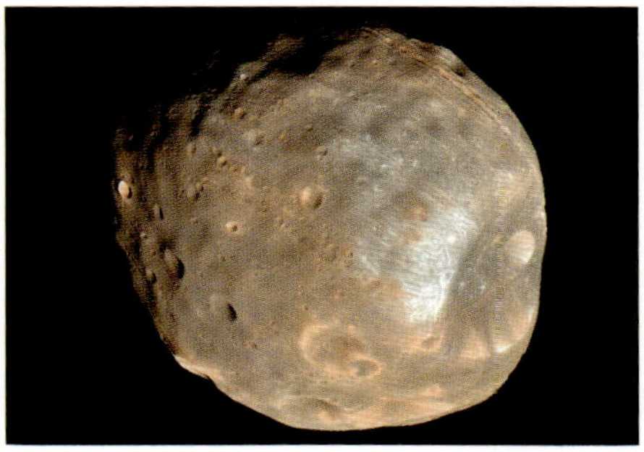

Gorges et canyons sur la planète rouge ▶

Cette image, parmi celles envoyées par Mars Global Surveyor, montre des structures qui évoquent des traces de ravinement sur la paroi d'un cratère d'impact météoritique. Il est possible qu'elles se soient formées lors de la fonte de glace souterraine. Par ailleurs, Valles Marineris est un réseau de canyons qui s'étend sur presque un tiers de la région équatoriale de Mars. La présence de débris rocheux sur toute sa longueur constitue des preuves de l'existence d'éboulements et d'une érosion de type fluvial. Ces éléments tendent à prouver que de l'eau s'est écoulée jadis sur Mars.

Caractéristiques de Mars

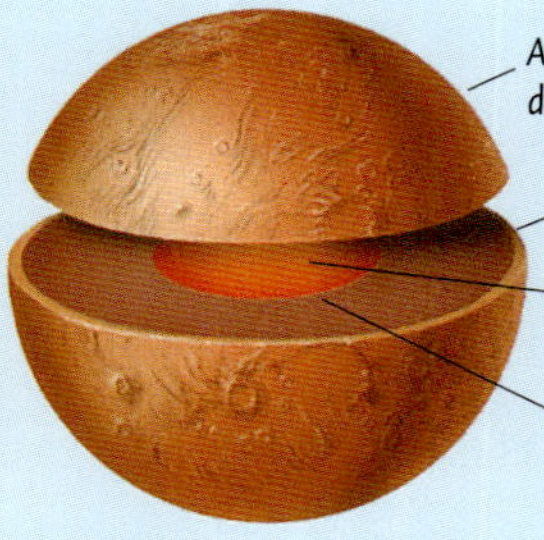

- **Période de révolution sidérale :** 687 jours terrestres
- **Température superficielle :** –143 °C à + 35 °C
- **Période de rotation :** 24 h 37 min
- **Distance moyenne au Soleil :** 230 millions de km
- **Volume (Terre = 1) :** 0,15
- **Masse (Terre = 1) :** 0,11
- **Densité (eau = 1) :** 3,9
- **Diamètre équatorial :** 6 790 km
- **Nombre de satellites :** 2

Jupiter

Cette planète géante est la plus grosse du Système solaire ; quatre de ses satellites ont la taille de véritables planètes. Mais la structure de Jupiter est très différente de celle des planètes telluriques. À l'exception d'un petit noyau rocheux, elle est surtout composée d'hydrogène et d'hélium gazeux. Sous la couche supérieure de nuages, la pression est si forte que ces éléments sont liquides. Et aux niveaux les plus profonds, l'hydrogène liquide se comporte comme un métal conducteur d'électricité. Ce phénomène confère à Jupiter un puissant champ magnétique et de redoutables ceintures de radiations. Par ailleurs, Jupiter émet plus d'énergie qu'elle n'en reçoit du Soleil car, sous l'effet de sa propre gravitation, elle continue de se contracter de quelques millimètres par an, ce qui provoque l'émission d'un rayonnement infrarouge. Si la planète avait été 13 fois plus massive, cette contraction aurait échauffé le noyau assez pour que s'y déclenchent des réactions de fusion nucléaire (p. 38), sans toutefois en faire une étoile lumineuse. Elle serait devenue une naine brune . La sonde Galileo fut la première à se mettre en orbite autour de Jupiter. Elle y resta de 1995 à 2003.

J. D. Cassini

Observations confirmées ▲
En 1878, l'astronome américain Edward Barnard (1857-1923) décrivit une grande tache rouge qu'il voyait à la surface de Jupiter, confirmant les observations réalisées en 1660 par l'Italien Jean Dominique Cassini (p. 28) et l'Anglais Robert Hooke (1635-1703), dans la région équatoriale de Jupiter.

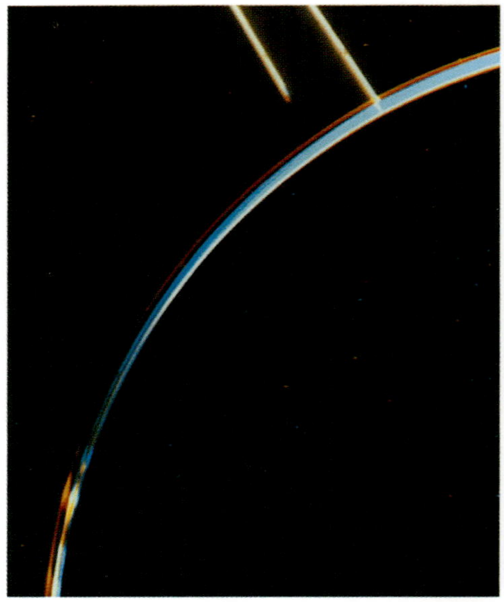

▲ Les anneaux de Jupiter
Les missions américaines Pioneer furent lancées vers Jupiter au début des années 1970 ; c'est Pioneer 10 qui transmit les premières images. En 1977, les États-Unis envoyèrent les deux sondes Voyager explorer la haute atmosphère de Jupiter, ainsi que cinq de ses satellites. Voyager 1 permit de découvrir un anneau peu brillant, du même type que ceux de Saturne (p. 53), entourant la planète. On voit une partie de ce fin anneau jaune (6 000 km de large pour 30 km d'épaisseur environ) dans le haut de la photographie ci-dessus.

Les nuages de Jupiter ▲
Cette image de Jupiter, due au télescope spatial Hubble, n'est pas en vraies couleurs : elle a été modifiée pour faire ressortir les structures présentes dans sa surface visible, qui correspondent, en fait, à sa haute atmosphère puisque la planète n'a pas de surface rocheuse. On y distingue de nombreux nuages à l'aspect sans cesse changeant. Sous l'effet de la rotation de la planète, des courants de gaz se forment et des vents locaux déclenchent des tempêtes. Malgré cela, les différentes bandes colorées que l'on y décèle ainsi que la Grande tache rouge changent peu au cours du temps. Les bandes claires, composées de gaz ascendants froids, sont appelées zones, tandis que les bandes sombres brun-rouge de gaz plus chauds descendants sont appelées bandes. Les ovales blancs, rouges ou bruns sont d'immenses anticyclones constituant de puissantes tempêtes.

Caractéristiques de Jupiter

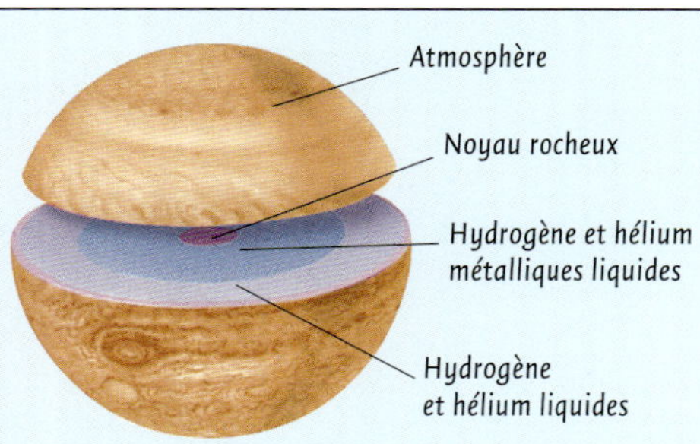

- **Période de révolution sidérale :** 11,86 années terrestres
- **Température de la couche externe :** –150 °C
- **Période de rotation sidérale :** 9 h 55 min
- **Distance moyenne au Soleil :** 778 millions de km
- **Volume (Terre = 1) :** 1 319
- **Masse (Terre = 1) :** 318
- **Densité (eau = 1) :** 1,3
- **Diamètre équatorial :** 142 800 km
- **Nombre de satellites :** au moins 63

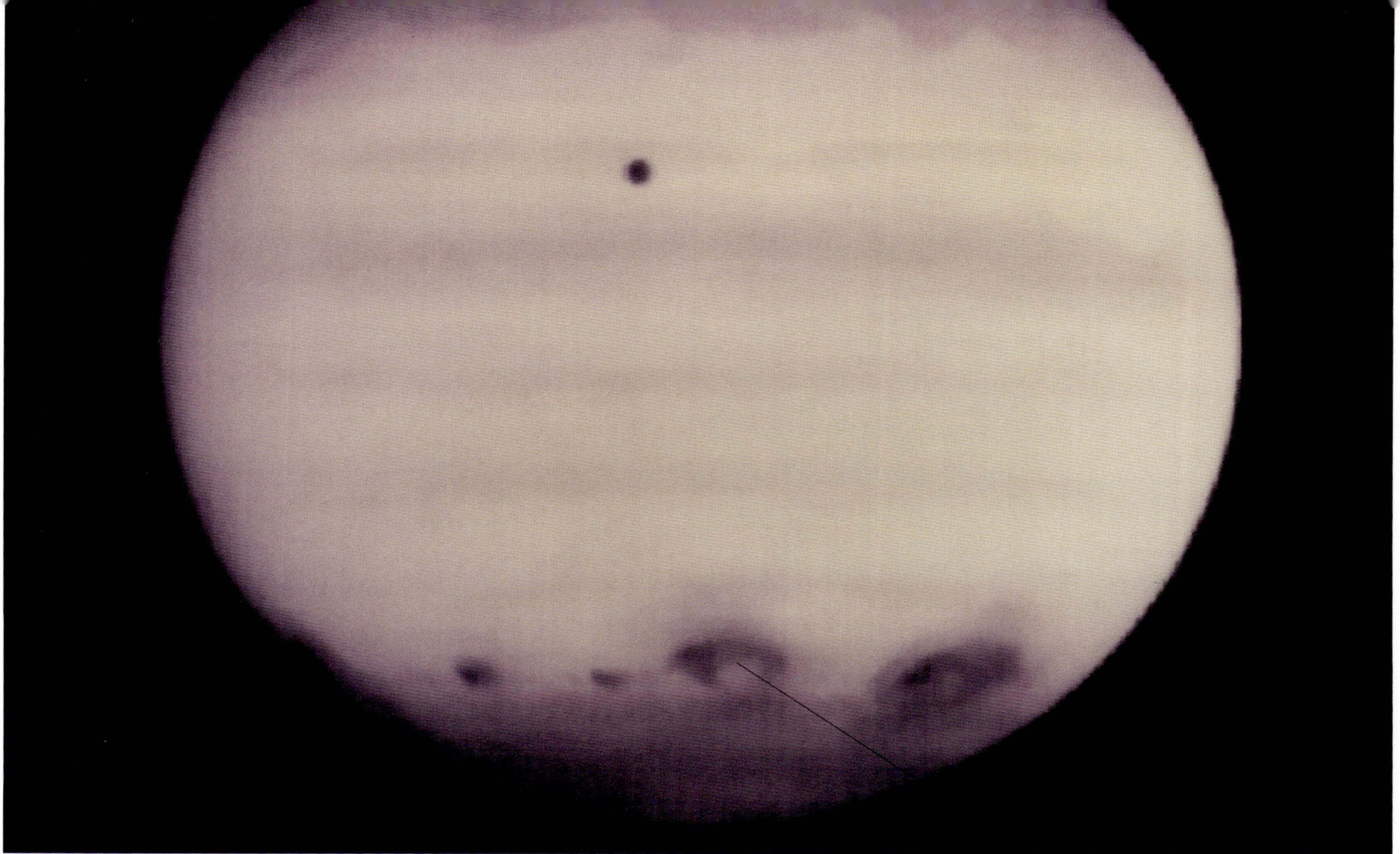

De violents impacts ▲
En juillet 1994, des fragments de la comète Shemaker-Levy-9 s'écrasèrent dans l'hémisphère Sud de Jupiter à une vitesse d'environ 210 000 km/h. La comète avait été découverte en 1993 par les astronomes Carolyn et Eugene Shoemaker et David Levy, qui prédit également son trajet. C'était la première fois dans l'histoire que des astronomes avaient pu prévoir une collision entre deux corps du Système solaire et observer l'événement. Plus de vingt morceaux de la comète heurtèrent Jupiter, dont certains envoyèrent des éclairs à une hauteur de quelque 3 000 km.

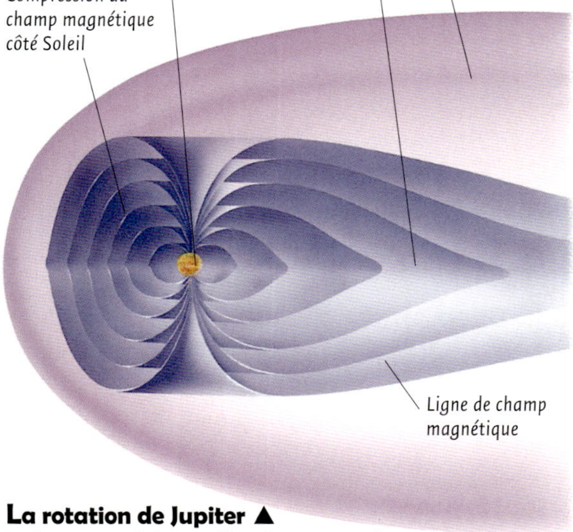

La rotation de Jupiter ▲
Jupiter tourne si vite sur elle-même que son jour ne dure que 9 heures et 55 minutes et que, à cause de la force centrifuge, elle présente un renflement au niveau de l'équateur. En outre, la rotation rapide de l'hydrogène métallique du noyau génère un puissant champ magnétique. La zone d'influence de ce dernier, appelée magnétosphère, est déformée par le vent solaire et s'étend sur une très grande distance dans la direction opposée au Soleil.

Les satellites de Jupiter

En 1610, Galilée (p. 20), à l'aide de sa lunette nouvellement inventée, découvrit les quatre plus gros satellites de Jupiter. Comme il voyait leurs positions changer chaque nuit, il conclut avec perspicacité que ces objets étaient en orbite autour de Jupiter. Cette découverte apportait des arguments convaincants contre la théorie géocentrique (p. 11), qui plaçait la Terre au centre de l'Univers. En 1892, on découvrit un autre petit corps sur une orbite proche de la haute atmosphère de la planète. Depuis lors, on en a découvert beaucoup d'autres puisque 67 satellites sont connus à ce jour autour de Jupiter.

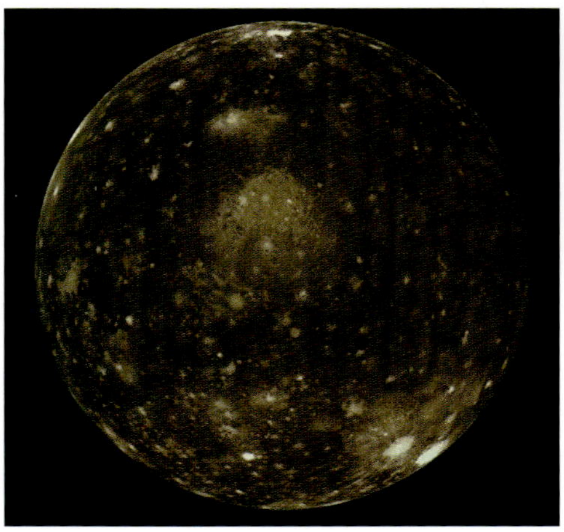

Callisto ▲
Deuxième plus gros satellite de Jupiter, Callisto est aussi celui qui compte le plus de cratères (points clairs) dus aux impacts de débris interplanétaires. Ils ressembleraient à ceux de notre Lune s'ils n'étaient faits de glace .

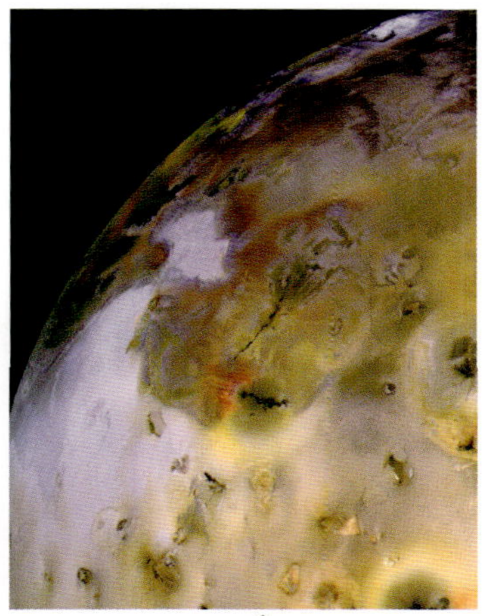

▲ Éruptions sur Io
Des quatre satellites galiléens, baptisés ainsi en mémoire de Galilée qui les a découverts, Io est le plus proche de Jupiter. Les trois autres sont Callisto, Europe et Ganymède. Sur cette image, obtenue par la sonde Galileo de la NASA, les taches noires sont des centres d'intense activité volcanique. Les éruptions de dioxyde de soufre brûlant sont communes sur toute la surface de Io. Le gaz ainsi expulsé refroidit ensuite et gèle, retombant sous forme de neige à la surface du satellite.

Saturne

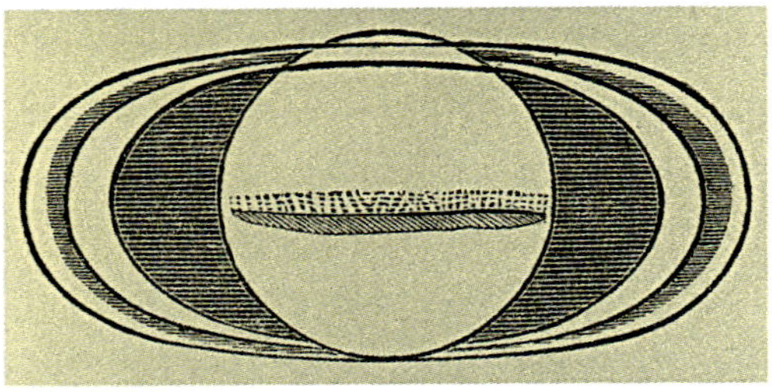

Un dessin du XVIIe siècle ▲
En 1675, le directeur bolonais de l'observatoire de Paris, Jean Dominique Cassini (p. 28), découvrit que Saturne n'avait pas un seul anneau solide. Il y en avait deux séparés par une trouée de couleu r sombre. Son dessin, réalisé en 1676 (ci-dessus), montre cette trouée, baptisée en son honneur la Division de Cassini.

La géante Saturne, avec ses anneaux aplatis, est sans doute la figure astronomique la plus symbolique et reconnaissable. Pour les Anciens, elle était la plus lointaine planète connue et ils la baptisèrent du nom du père de tous les dieux. Les premiers astronomes constatèrent qu'elle avait une période orbitale de 29 ans et pensèrent qu'elle se déplaçait paresseusement. Majoritairement composées d'hydrogène, son atmosphère et sa structure sont semblables à celles de Jupiter, mais sa densité est bien plus faible, à tel point que Saturne pourrait flotter sur l'eau (p. 45). Comme Jupiter, sa rotation est rapide, ce qui explique son équateur renflé. Saturne a aussi un champ magnétique puissant. Dans sa haute atmosphère, les vents se déplacent jusqu'à 1 800 km/h, contribuant à la formation de bandes et de tempêtes. Une énorme tempête d'une surface équivalant à huit fois celle de la Terre n'a cessé d'y faire rage depuis sa découverte en 2010.

Saturne et ses anneaux ▲
Vus depuis la Terre, les anneaux de Saturne semblent constitués d'une seule pièce, mais les astronomes savent depuis le XIXe siècle que cela n'est pas possible. En réalité, ils sont constitués d'innombrables blocs et particules de glace et de roches dont le diamètre varie du grain de poussière à plusieurs mètres. L'épaisseur des anneaux est d'environ 30 m seulement, mais leur largeur totale dépasse 272 000 km !

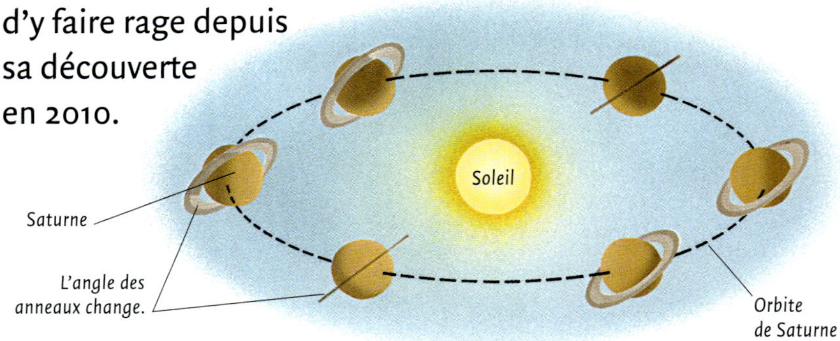

Un aspect changeant ▲
L'axe de rotation de Saturne est incliné. Comme les anneaux se trouvent dans le plan de l'équateur, leur inclinaison est la même que celle de la planète. Cela signifie que, pour nous sur Terre, ils changent d'apparence au cours de l'année saturnienne (29,5 années terrestres), l'angle sous lequel ils s'offrent à notre vue variant. Cet angle dépend des positions respectives de la Terre et de Saturne sur leur orbite.

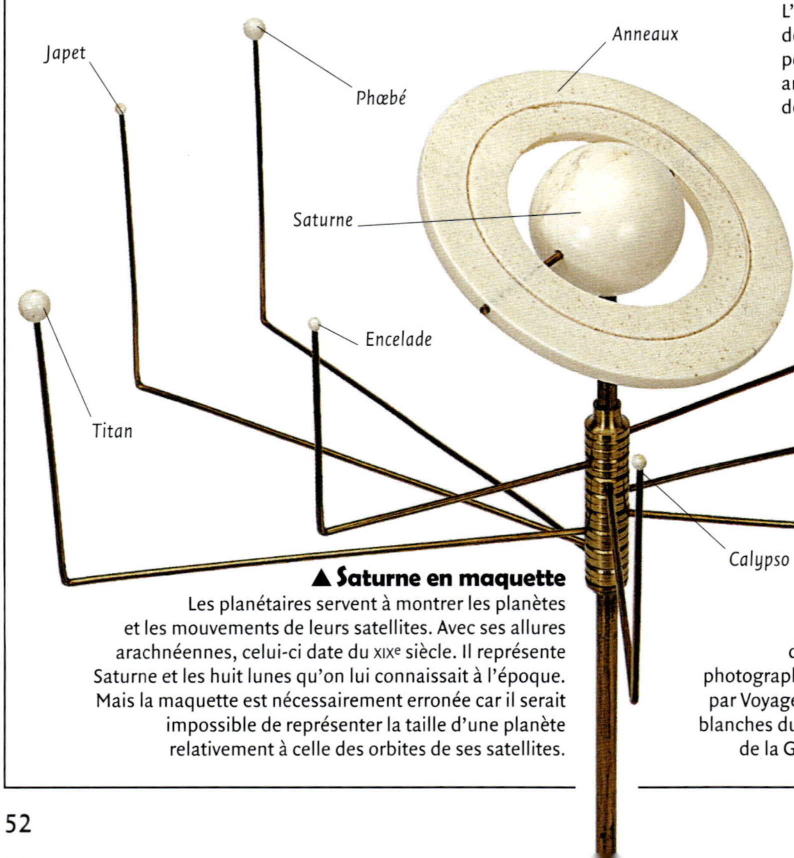

▲ Saturne en maquette
Les planétaires servent à montrer les planètes et les mouvements de leurs satellites. Avec ses allures arachnéennes, celui-ci date du XIXe siècle. Il représente Saturne et les huit lunes qu'on lui connaissait à l'époque. Mais la maquette est nécessairement erronée car il serait impossible de représenter la taille d'une planète relativement à celle des orbites de ses satellites.

Le climat saturnien ▶
Les caractéristiques météorologiques de l'hémisphère Nord de Saturne ont été photographiées à une distance de 7 millions de km par Voyager 2 en 1981. Les tourbillons et les taches blanches du climat saturnien sont analogues à ceux de la Grande Tache rouge de Jupiter (p. 50-51).

Vue rapprochée ▲
Sur cette image de Saturne, les couleurs ont été amplifiées afin de faire ressortir les bandes nuageuses qui encerclent la planète. On y voit également que les anneaux sont constitués de nombreuses sous-unités. Les deux principaux, dénommés A et B, se distinguent facilement depuis la Terre à l'aide d'un petit télescope. Mais Saturne en compte cinq autres beaucoup moins visibles. À mesure que la planète parcourt son orbite autour du Soleil, les anneaux s'offrent à nos yeux de terriens sous des angles différents. Durant certaines périodes, ils apparaissent très ouverts, comme sur cette image. Mais tous les 15 ans, ils se présentent par la tranche, devenant quasiment invisibles. Les vues les plus détaillées de Saturne nous ont été envoyées par la sonde Cassini-Huygens, lancée en 1997 et arrivée à destination en 2004. L'atterrisseur Huygens fut largué et se posa sur Titan, le plus gros satellite de Saturne, dissimulé par un halo opaque. Au moyen d'un détecteur radar, l'orbiteur Cassini permit de découvrir que la surface de Titan abrite des lacs de méthane liquide.

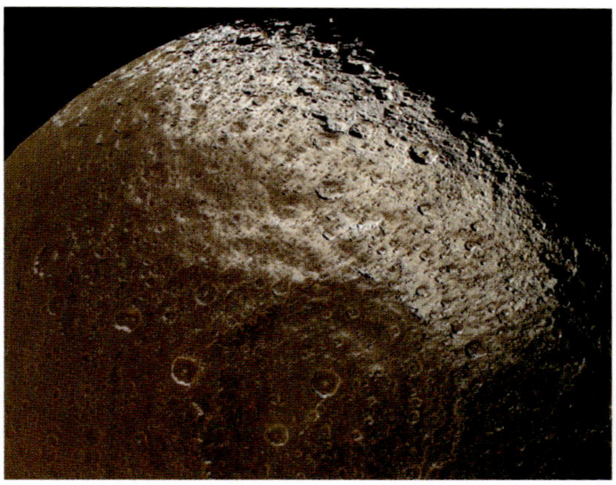

◀ Un satellite très contrasté
Avec un diamètre moyen de 1 492 km, Japet est le troisième plus gros satellite de Saturne. Il est essentiellement composé de glace. L'une de ses caractéristiques les plus étranges est que la moitié de son globe est beaucoup plus sombre que l'autre. Elle est recouverte de matériaux aussi noirs que du goudron, qui semblent s'être déposés à sa surface. Cette image a été réalisée par la sonde Cassini. Cette dernière y a révélé la présence d'une chaîne de montagnes atteignant jusqu'à 20 000 m d'altitude et se déroulant sur environ 1 300 km de long.

Caractéristiques de Saturne

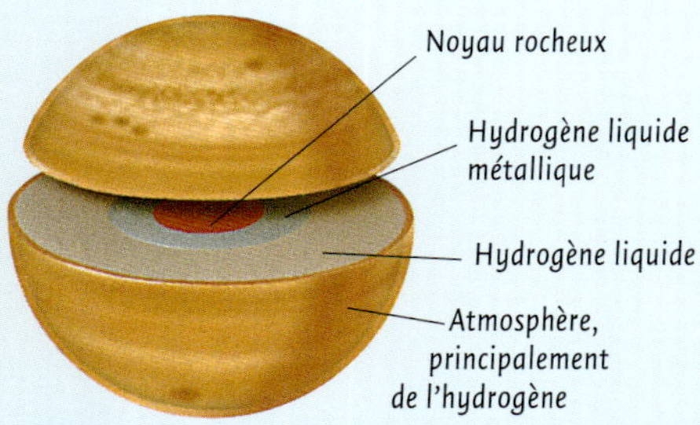

- **Période de révolution sidérale :** 29,5 années terrestres
- **Température de la couche externe :** –180 °C
- **Période de rotation :** 10 h 40 min
- **Distance moyenne au Soleil :** 1,43 milliard de km
- **Volume (Terre = 1) :** 763
- **Masse (Terre = 1) :** 95,15
- **Densité (eau = 1) :** 0,69
- **Diamètre équatorial :** 120 535 km
- **Nombre de satellites :** 62 + nombreuses lunes mineures

Christiaan Huygens

Les anneaux reconnus ▲
Lorsque Galilée découvrit les anneaux de Saturne en 1610, il interpréta mal ce qu'il voyait, pensant qu'il s'agissait d'une planète triple. Il fallut attendre 1655 pour que ces structures soient identifiées et décrites par l'astronome hollandais Christiaan Huygens (1629-1695), qui utilisait un puissant télescope construit par ses soins. Celui-ci les interpréta comme des anneaux de matière solide situés dans le plan équatorial de la planète.

▲ Le satellite tigré
Encelade, satellite de Saturne, a un diamètre d'environ 500 km. Cette image en fausses couleurs de sa surface gelée due à la sonde Cassini révèle des séries de fissures parallèles (en bleu) qui ont été surnommées « rayures de tigre ». Des panaches de gouttelettes gelées jaillissent de ces fissures à partir de l'eau liquide située sous la croûte. De vastes parties de la surface d'Encelade ne présentent pas ou peu de cratères. Cela traduit d'importantes modifications depuis la formation du satellite.

Uranus

Uranus fut la première planète découverte après l'invention du télescope. Elle fut décelée par William Herschel, à Bath, en Angleterre, alors qu'il remesurait toutes les étoiles principales avec son télescope de 2,10 m (p. 24). En 1781, il remarqua un objet brillant inhabituel dans la constellation zodiacale des Gémeaux. Il crut tout d'abord qu'il s'agissait d'une nébuleuse (p. 60-61), puis que c'était une comète (p. 58-59), avant de comprendre qu'il s'agissait bien d'une septième planète. Le nom d'Uranus a été suggéré par l'astronome allemand Johann Bode (1747-1826), qui proposa de la baptiser du nom du père de Saturne, dans la lignée des traditions classiques établies. Bode s'est aussi rendu célèbre en tant que père de la loi qui porte son nom : une formule mathématique pour calculer la position approximative des planètes.

▲ William Herschel
Au départ musicien professionnel (p. 24), William Herschel (1738-1822) fut tant impressionné par la lecture d'un traité d'optique qui décrivait la construction des télescopes, qu'il voulut en posséder un. Trop pauvre pour se l'offrir, il décida de fabriquer lui-même son instrument en 1773. Dès lors, l'astronomie devint sa passion.

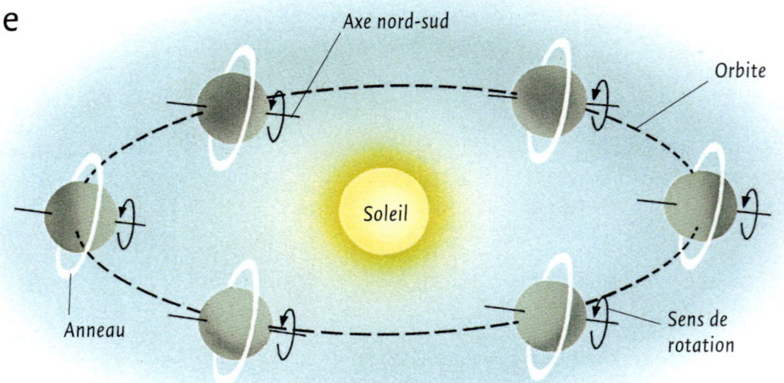

▲ Inclinaison : 98°
L'axe de rotation d'Uranus se trouve presque dans le plan de son orbite. Comparée aux autres planètes, Uranus semble donc rouler sur son axe. En conséquence, au cours de son année orbitale de 84 ans, chaque pôle reste exposé au Soleil pendant 42 ans puis reste dans l'ombre pour une durée équivalente. Cette inclinaison peu commune serait le résultat d'une collision survenue lors de la formation du Système solaire.

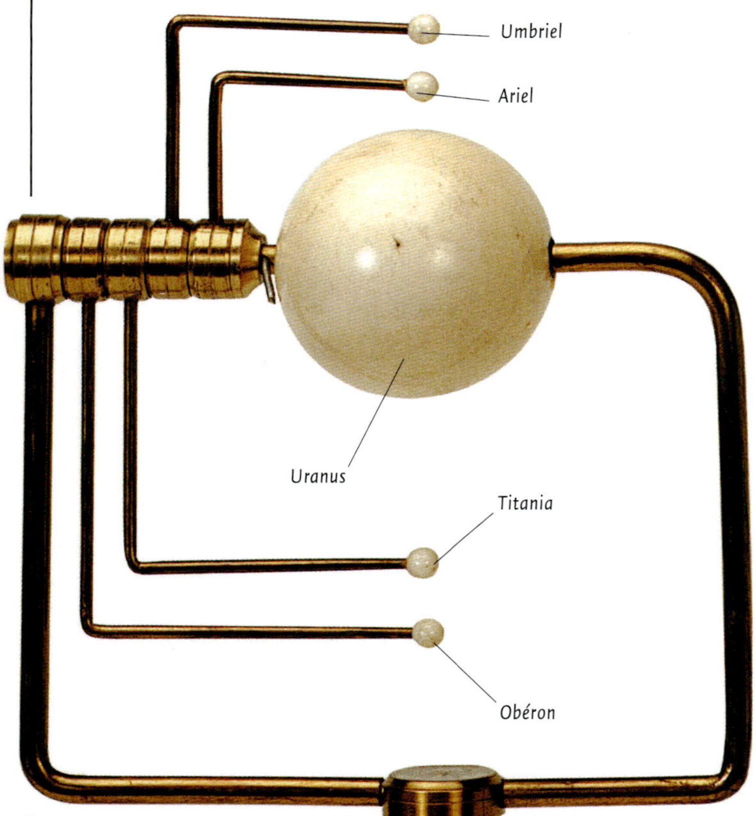

▲ Uranus et ses satellites
À cause de son axe inhabituellement incliné, tous les satellites d'Uranus évoluent dans un plan presque perpendiculaire au plan de l'orbite de la planète. Ce planétaire du XIXe siècle montre Uranus et quatre de ses lunes inclinées de 98°. À l'époque, on ne connaissait que quatre des 27 satellites repérés à ce jour autour de la planète.

Vue de l'espace ▶
Uranus est une géante gazeuse d'un diamètre quatre fois plus large que celui de la Terre. Le télescope spatial Hubble réalisa ces images en 2004. À gauche, la planète est vue dans ses couleurs naturelles. Elle apparaît bleue à cause du méthane présent dans son atmosphère. L'image de droite, en fausses couleurs, montre des nuages clairs et des bandes brumeuses parallèles à l'équateur.

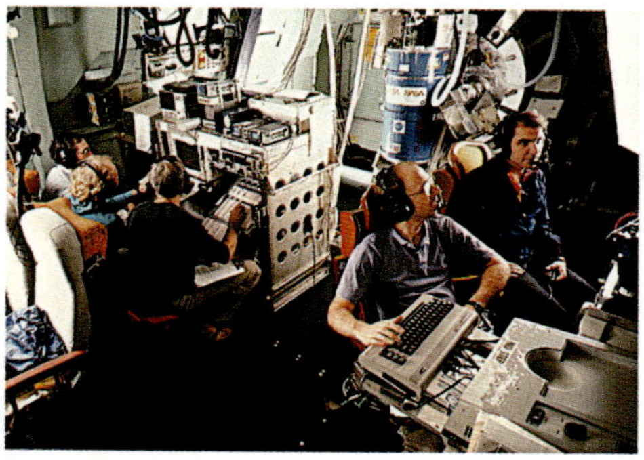

Découverte en vol ▲
Le passage d'un corps céleste devant un autre qu'il masque est appelé occultation. Une équipe de scientifiques observa l'occultation d'une étoile par Uranus en 1977 depuis l'observatoire volant Kuiper de la NASA, au-dessus de l'océan Indien. C'est à cette occasion qu'ils détectèrent pour la première fois les anneaux très ténus d'Uranus.

Miranda ▶
L'astronome américain Gerard Peter Kuiper (1905-1973) découvrit le satellite Miranda en 1948. Celui-ci ne ressemble à aucun autre dans le Système solaire. Il semble constitué d'un enchevêtrement de grands blocs qui résulteraient, d'après les scientifiques, de collisions gigantesques au cours desquelles Miranda aurait été littéralement pulvérisé. Les morceaux se seraient regroupés sous l'effet de l'attraction gravitationnelle, formant cet étrange amalgame de roches et de glace. Miranda est la lune la plus proche d'Uranus et ne mesure que 300 km de diamètre. Tous les satellites d'Uranus portent des noms empruntés à la littérature anglaise. (Miranda et Ariel sont des personnages de *La Tempête*, de William Shakespeare.)

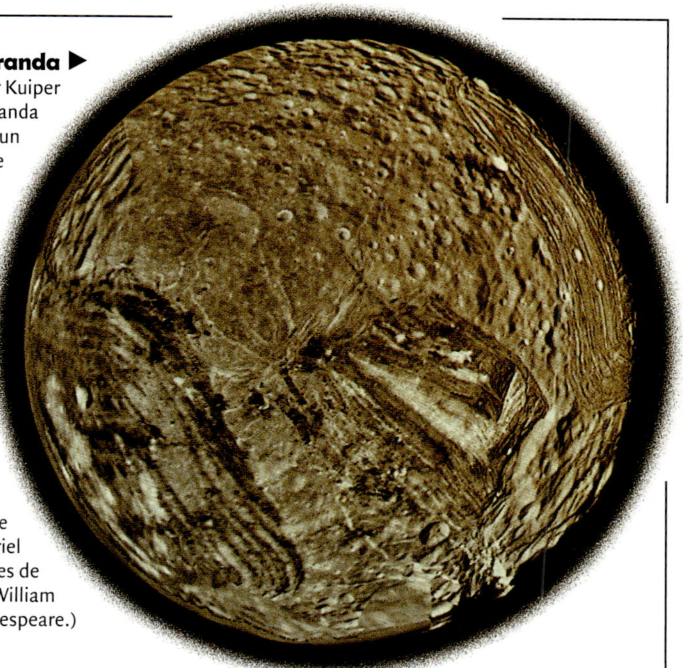

Le système d'anneaux ▶
Lors de l'observation de 1977 (voir ci-dessus), les astronomes remarquèrent que l'éclat de l'étoile masquée par Uranus faiblissait à plusieurs reprises en début et en fin d'occultation. Ils en conclurent que la planète devait avoir une série d'anneaux peu brillants qui affaiblissaient la lumière de l'étoile en passant devant. Le survol de Voyager 2, en 1986, permit de découvrir deux anneaux supplémentaires, et deux autres furent encore mis en évidence en 2003 par le télescope spatial Hubble. Les anneaux d'Uranus sont minces et sombres, constituées de corps ne dépassant guère 1 m de diamètre.

Titania ▼
William Herschel découvrit les deux plus gros satellites d'Uranus en 1789 ; il les baptisa Obéron et Titania, d'après le roi et la reine du féerique *Songe d'une nuit d'été*, de William Shakespeare. L'astronome anglais William Lassell (1799-1880) découvrit Ariel et Umbriel en 1851. Au XXe siècle, on découvrit Miranda, puis 22 autres satellites à Uranus.

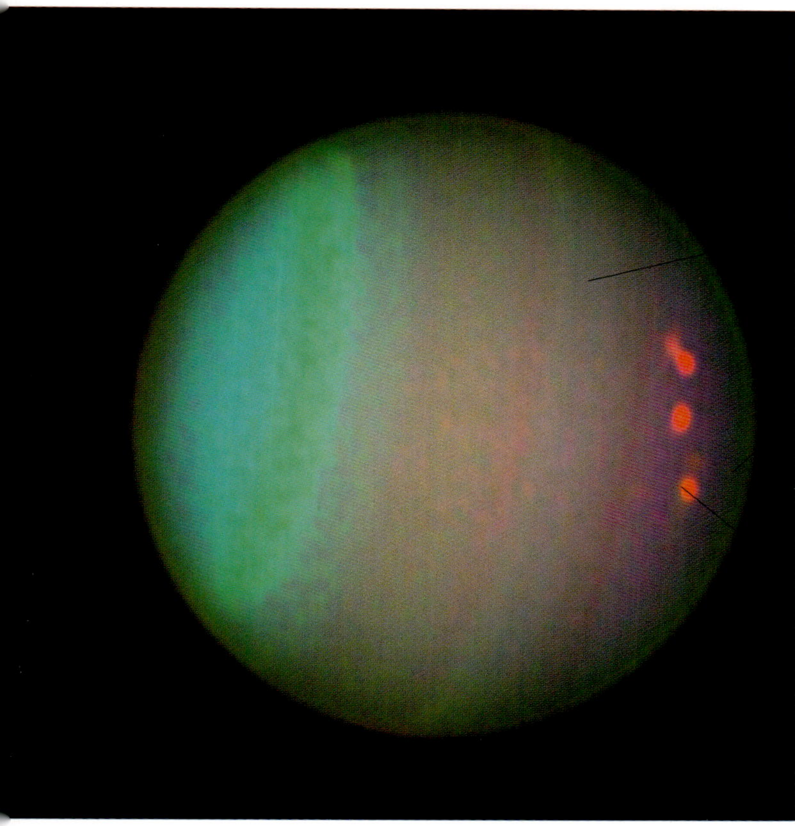

Caractéristiques d'Uranus

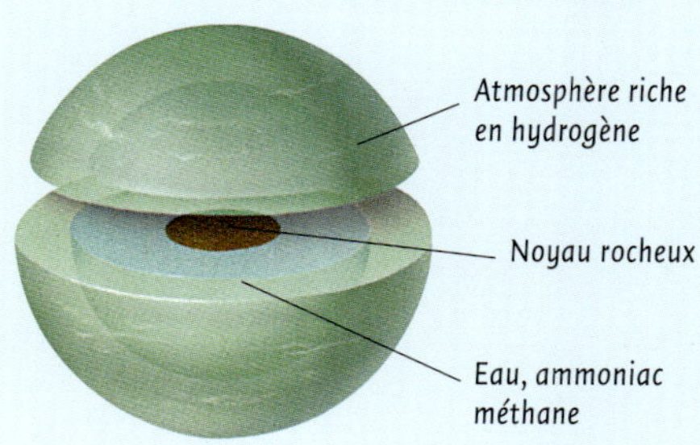

- **Période sidérale :** 84 années terrestres
- **Température de la couche externe :** –210 °C
- **Période de rotation :** 17 h
- **Distance moyenne au Soleil :** 2,87 milliards de km
- **Volume (Terre = 1) :** 67
- **Masse (Terre = 1) :** 14,5
- **Densité (eau = 1) :** 1,2
- **Diamètre équatorial :** 52 290 km
- **Nombre de satellites :** 27

Neptune et la planète naine Pluton

▲ **Urbain Le Verrier (1811-1877)**
D'abord professeur de chimie et d'astronomie à l'École polytechnique, Le Verrier devint directeur de l'observatoire de Paris. Ayant obtenu par le calcul la position de Neptune, il s'en remit à d'autres astronomes, dont Johann Galle, pour confirmer ses résultats par l'observation.

La découverte de Neptune est le résultat de calculs de mécanique céleste. Au début du XIXe siècle, les astronomes réalisèrent que l'orbite d'Uranus n'était pas conforme à ce qu'elle aurait dû être. L'attraction gravitationnelle d'une planète inconnue située au-delà d'Uranus semblait l'explication la plus vraisemblable à cet état de fait. En 1845, le mathématicien anglais John Couch Adams (1819-1892) annonça qu'il avait calculé la position probable de cette planète, mais son travail n'eut aucun écho. En juin 1846, le Français Urbain Le Verrier en fit autant. Cette fois, les observateurs en prirent note. Johann Galle (1812-1910), de l'observatoire de Berlin, découvrit enfin Neptune le 23 septembre 1846. Les astronomes continuèrent à spéculer sur la présence d'une autre planète au-delà de Neptune. Pluton fut finalement découverte en 1930 et fut considérée alors comme la neuvième planète majeure. Mais entre 1992 et 2006, des centaines de petits corps glacés avaient été découverts au-delà de Neptune, dans ce que l'on appelle la ceinture de Kuiper. Éris, qui est plus grosse que Pluton, y figure notamment. En 2006, les astronomes décidèrent de classer ces deux dernières parmi les planètes naines.

▲ **Les anneaux de Neptune**
Neptune possède elle aussi une série d'anneaux qui l'encerclent. En juillet 1984, lors du passage de la planète devant une étoile, l'astronome français André Brahic mit pour la première fois en évidence le vacillement caractéristique (p. 55) de l'étoile, indiquant la présence des anneaux. Il semblait qu'il y en avait deux principaux ainsi que deux autres, internes et moins brillants. Leur existence fut confirmée en 1989 par Voyager 2.

▲ **La Grande tache sombre de Neptune a disparu**
En 1989, la sonde Voyager photographia un vaste tourbillon sur Neptune qui fut baptisé la Grande tache sombre, localisé dans l'hémisphère Sud. Cette turbulence était un trou dans la couche nuageuse supérieure, à peu près de la taille de la Terre, cerné de vents violents. Le déplacement de petits nuages à la périphérie du trou laissait à penser que le tourbillon tournait dans le sens inverse des aiguilles d'une montre. Sur les photographies de Neptune prises par le télescope spatial Hubble en 1995, le tourbillon avait disparu.

Caractéristiques de Neptune

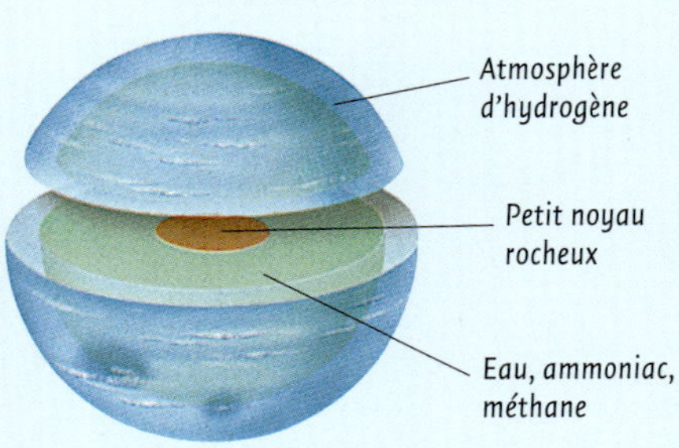

- **Période de révolution sidérale :** 163,7 années terrestres
- **Température de la couche externe :** –210 °C
- **Période de rotation sidérale :** 16 h 07 min
- **Distance moyenne au Soleil :** 4,5 milliards de km
- **Volume (Terre = 1) :** 57
- **Masse (Terre = 1) :** 17,2
- **Densité (eau = 1) :** 1,7
- **Diamètre équatorial :** 49 500 km
- **Nombre de satellites :** 13

La découverte de Pluton

Pluton fut découverte en 1930 suite à une recherche systématique menée par l'Américain Clyde Tombaugh (1906-1997). Son orbite se révéla inhabituelle, beaucoup plus allongée que celle des planètes et très excentrique, s'approchant parfois plus près du Soleil que Neptune. Peu à peu, les chercheurs réalisèrent que Pluton était beaucoup plus petite qu'ils ne le pensaient ; sa masse est seulement de un cinquième de celle de la Lune. Lancée en 2006, New Horizons, la première sonde ayant Pluton pour objectif, est arrivée à pied d'œuvre en 2015 et a commencé à nous en faire parvenir d'extraordinaires photos en haute résolution.

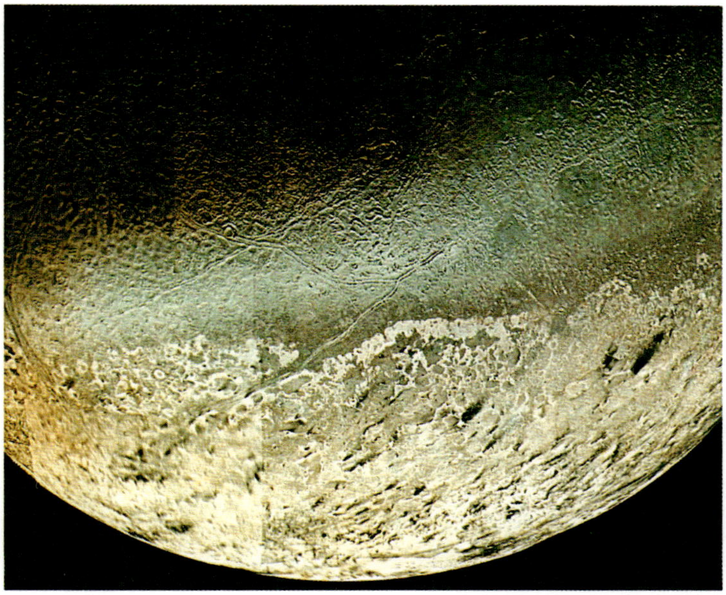

▲ La découverte de Triton
Le satellite Triton (ci-dessus) a été découvert en 1846 et intéresse les scientifiques à plus d'un titre. Son orbite autour de Neptune est rétrograde, c'est-à-dire qu'il se déplace dans le sens opposé à la rotation de la planète. C'est l'objet le plus froid du Système solaire, avec une température de −235 °C. Triton est un monde fascinant. Il a une surface rosâtre, probablement constituée de méthane gelé, qui a fondu et regelé à plusieurs reprises. Il possède des volcans en activité qui vomissent de l'azote gazeux et de la glace de méthane qu'ils projettent haut dans sa fine atmosphère.

◀ La ceinture de Kuiper
En 1951, l'astronome américano-hollandais Gerard P. Kuiper (1905-1973) prédit l'existence d'une ceinture de petits corps glacés au-delà de Neptune, dont Pluton serait le premier représentant. L'objet suivant ne fut trouvé qu'en 1992 mais, depuis, des centaines ont été identifiés, notamment Éris en 2005. Certains des plus petits se transforment en comètes (p. 58) lorsqu'ils s'approchent du Soleil. Cette vue d'artiste représente Éris et sa petite lune baptisée Dysnomie.

▲ Pluton et Charon
Pluton n'est séparé de son satellite Charon que par 19 700 km. Ce dernier fut découvert en 1978 lors d'une étude de clichés où la planète semblait étrangement allongée. L'image nette, à droite, a été prise par le télescope spatial Hubble qui permet d'obtenir des images de meilleure définition que celles prises depuis la Terre (à gauche).

◀ Gros plan sur Neptune
Cette photographie a été prise par Voyager 2 en 1989, à l'issue de son voyage de 12 années à travers le Système solaire. La sonde était alors à 6 millions de km de la planète. En allant photographier Triton, le plus gros satellite, elle en découvrit six autres en orbite. Neptune a une belle atmosphère bleu azur principalement composée d'hydrogène, ainsi que d'un peu d'hélium et de méthane. La couche nuageuse recouvre un immense océan intérieur d'eau chaude et de gaz – un heureux hasard pour une planète portant le nom du dieu de la Mer (certains proposèrent toutefois de baptiser la nouvelle planète Le Verrier en l'honneur de celui qui l'avait découverte). Voyager 2 mit également en évidence plusieurs systèmes tourbillonnaires ainsi que de beaux nuages blancs dans la haute atmosphère neptunienne.

Caractéristiques de Pluton

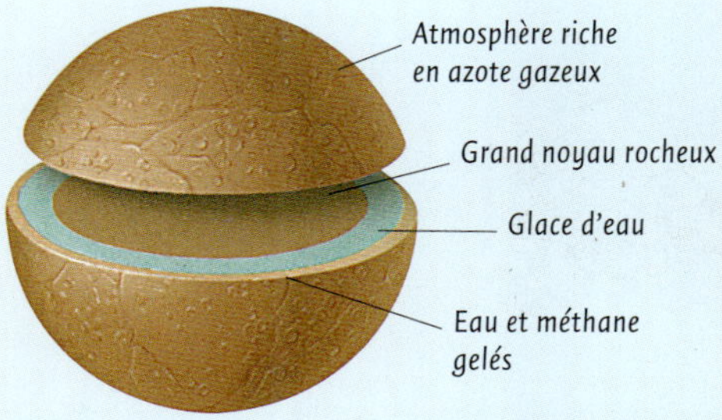

- **Période de révolution sidérale :** 248 années terrestres
- **Température de la couche externe :** −225 °C
- **Période de rotation sidérale :** 6 jours 9 h
- **Distance moyenne au Soleil :** 5,87 milliards de km
- **Volume (Terre = 1) :** 0,0006
- **Masse (Terre = 1) :** 0,002
- **Densité (eau = 1) :** 2,03
- **Diamètre équatorial :** 2 390 km
- **Nombre de satellites :** 5

Les voyageurs de l'espace

La matière du Système solaire ne s'est pas toute concentrée dans le Soleil et les planètes. Une grande part s'y trouve encore sous forme de blocs de roche et de glace parcourant l'espace. Les comètes sont des corps planétaires constitués surtout de glace et de poussières circulant sur des orbites très elliptiques qui les rapprochent régulièrement du Soleil depuis les confins du Système solaire. Les astéroïdes, la plupart situés dans la ceinture d'astéroïdes, sont surtout des blocs de roche irréguliers qui ne se sont jamais agrégés pour former des planètes. Le plus gros connu, Cérès, avec ses 940 km de diamètre, constitue toutefois une exception puisque sa forme sphérique l'a fait classer en 2006 parmi les planètes naines. Un météore est un morceau de comète ou d'astéroïde qui tombe vers la Terre. En pénétrant dans l'atmosphère, il s'échauffe et produit dans le ciel nocturne une traînée lumineuse que l'on appelle étoile filante. Les fragments qui parviennent à atteindre la Terre deviennent des météorites.

◄ La prédiction des comètes
Edmond Halley (1656-1742) remarqua en 1705 que trois descriptions similaires d'une comète avaient été notées à 76 ans d'intervalle. L'astronome britannique appliqua les théories de la gravitation et du mouvement des planètes récemment développées par Newton pour en déduire que ces trois comètes n'étaient peut-être qu'un seul et même objet qui voyageait à travers le Système solaire sur une orbite très allongée. Halley prédit que cette comète, qui porte aujourd'hui son nom, réapparaîtrait en 1758. Sa prédiction s'avéra, mais le célèbre astronome mourut avant son retour.

◄ La queue des comètes
Les comètes sont visibles grâce à la lumière qu'elles réfléchissent. Quand elles se rapprochent du Soleil, leur surface commence à s'évaporer et une immense queue de gaz et de poussières se forme derrière elles. Cette queue est toujours orientée dans la direction opposée à celle du Soleil parce que la poussière et les particules de gaz sont poussées par le vent solaire et la pression de radiation. Les comètes ont le plus souvent des orbites très allongées.

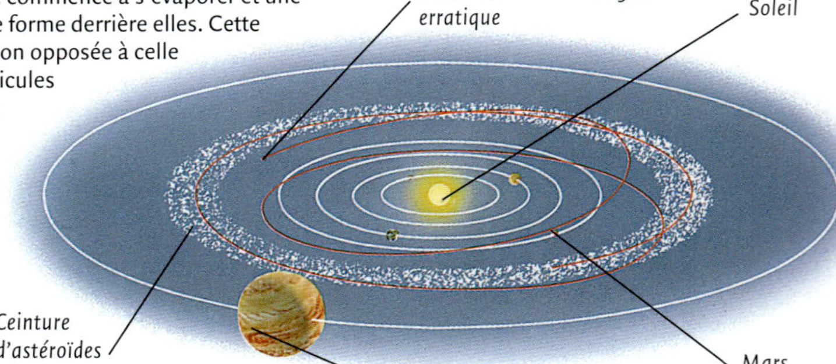

▲ La ceinture d'astéroïdes
Depuis janvier 1801, date de la découverte du premier astéroïde par le moine sicilien Giuseppe Piazzi, près de 215 000 autres ont été identifiés. La plupart d'entre eux gravitent à l'intérieur d'une ceinture située entre Mars et Jupiter, mais la grande influence gravitationnelle de Jupiter conduit certains astéroïdes à s'échapper vers l'extérieur en suivant des orbites chaotiques.

▲ Un astéroïde en gros plan
Cette photographie de l'astéroïde Ida a été prise par la sonde spatiale Galileo en 1993, lors de son voyage vers Jupiter. Les cratères visibles sur sa surface sont probablement le résultat de collisions avec des astéroïdes plus petits. Ida a une longueur de 52 km.

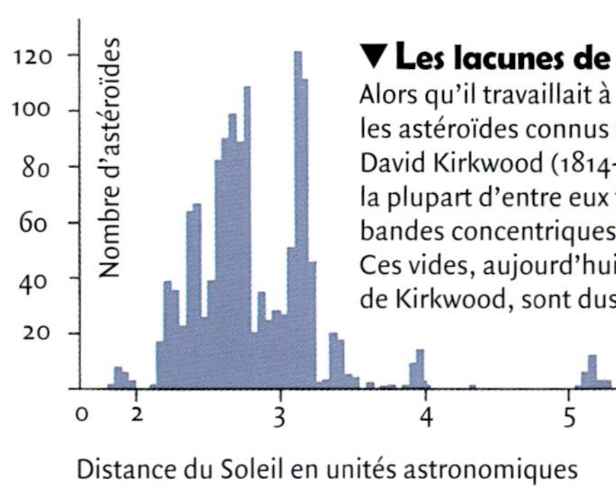

▼ Les lacunes de Kirkwood
Alors qu'il travaillait à mesurer les distances séparant les astéroïdes connus du Soleil, l'astronome américain David Kirkwood (1814-1895) remarqua en 1866 que la plupart d'entre eux tendaient à voyager le long de bandes concentriques séparées par des zones vides. Ces vides, aujourd'hui connus sous le nom de lacunes de Kirkwood, sont dus à des « bosses » récurrentes dans le champ gravitationnel de Jupiter. Certains astéroïdes sont catapultés dans tout le Système solaire par la seule gravité de la planète géante.

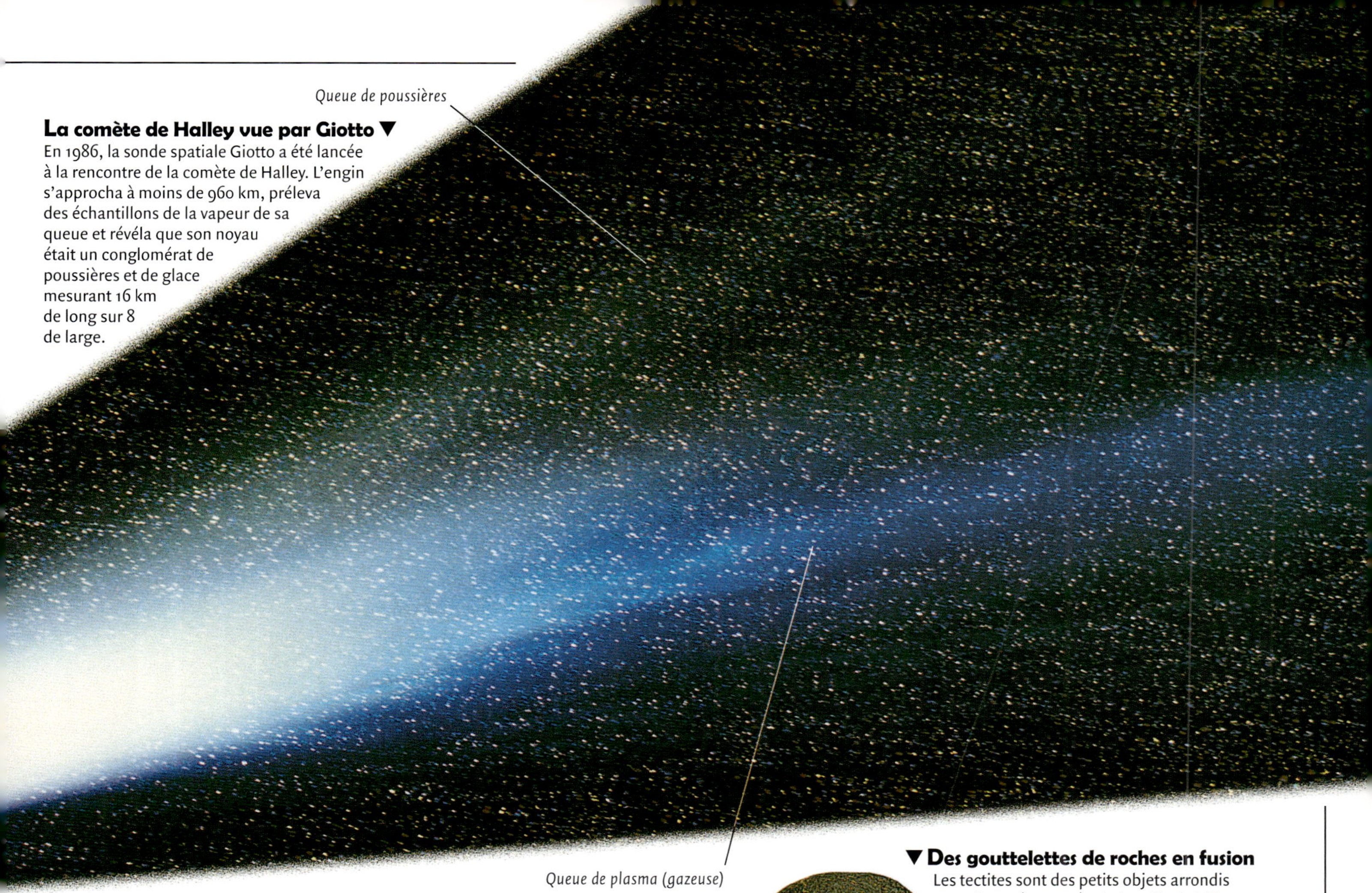

La comète de Halley vue par Giotto ▼
En 1986, la sonde spatiale Giotto a été lancée à la rencontre de la comète de Halley. L'engin s'approcha à moins de 960 km, préleva des échantillons de la vapeur de sa queue et révéla que son noyau était un conglomérat de poussières et de glace mesurant 16 km de long sur 8 de large.

Les météorites

Il fallut attendre 1803 pour que la communauté scientifique admette que les météorites venaient de l'espace. On en distingue trois grands types. Les pierres – plus de 95 % de toutes celles retrouvées – ont une composition majoritairement minérale et ont habituellement une croûte vitrifiée résultant de l'intense échauffement provoqué par l'entrée dans l'atmosphère terrestre. Les fers contiennent surtout des métaux (fer, nickel). Enfin les lithosidérites sont constituées de minéraux et de métaux en proportions à peu près égales.

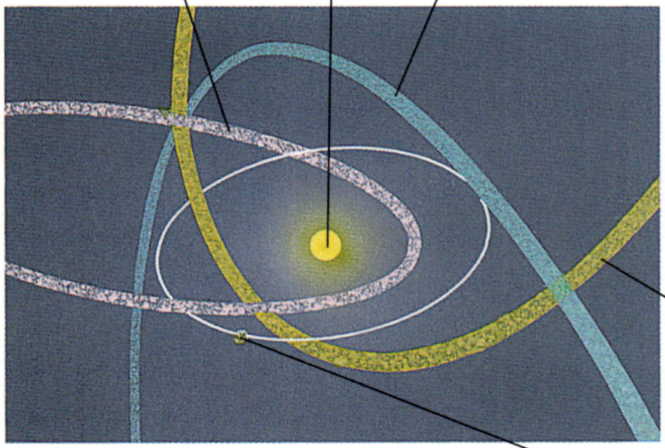

▲ Les pluies de météores
Quand l'orbite terrestre traverse un essaim de météores, on voit une pluie d'étoiles filantes rayonner à partir d'une région localisée du ciel. Ces pluies reçoivent des noms dérivés de la constellation dont elles semblent issues. Ainsi, les Géminides, par exemple, proviennent des Gémeaux.

Tectite

▼ Des gouttelettes de roches en fusion
Les tectites sont des petits objets arrondis et vitreux à peu près de la taille de billes. On les trouve généralement sur Terre en grand nombre dans des gisements localisés. Elles se forment lorsqu'une grosse météorite vient heurter la planète. Certains minéraux du sol, notamment ceux contenant de la silice, entrent en fusion sous la violence du choc, formant des gouttelettes qui refroidissent et durcissent en retombant : les tectites.

La météorite de Murchison

▼ Une météorite australienne
La météorite de Murchison (ci-contre) tombée en 1969 près de la Murchison River, en Australie occidentale, contient du carbone et de l'eau en proportions significatives. Contrairement aux composés carbonés trouvés sur Terre, tel le charbon, ce carbone provient de réactions chimiques.

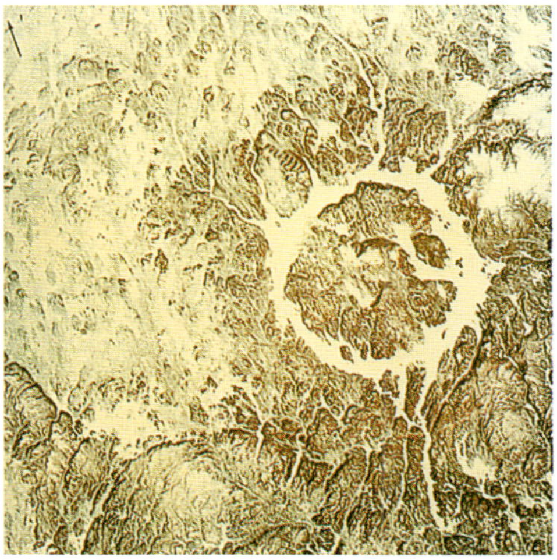

Un cratère glacé ▶
La Terre porte de nombreuses cicatrices provenant d'impacts de grosses météorites, mais les effets de l'érosion ainsi que la végétation et la mer effacent souvent les cratères les plus spectaculaires. Ce cratère couvert de glace se trouve près de Québec, au Canada. C'est aujourd'hui un grand réservoir de 66 km de diamètre utilisé pour produire de l'énergie hydroélectrique.

La naissance et la mort des étoiles

Une étoile est un véritable réacteur thermonucléaire : composée principalement d'hydrogène gazeux au début de sa vie, elle le transforme peu à peu en éléments plus lourds, tels l'hélium et le carbone, jusqu'au fer. Ces réactions de fusion nucléaire ont lieu dans le cœur qui, en se comprimant sous l'effet de son propre poids et en s'échauffant, atteint successivement les différentes températures nécessaires à la fabrication de nouveaux éléments. Dans le même temps, son enveloppe enfle et se refroidit, et l'étoile devient bientôt une géante rouge. Si elle est peu massive, elle finira par perdre son enveloppe, laissant le cœur sous la forme d'une naine blanche, un résidu de l'étoile. Si elle est très massive, la température du cœur peut devenir si importante que l'étoile finit par exploser et donne ce que l'on appelle une supernova. Après l'explosion, le cœur peut survivre à l'état d'étoile à neutrons (pulsar) ou de trou noir (p. 63).

Catalogueur d'étoiles ▲
En 1784, l'astronome français Charles Messier (1730-1817) élabora un catalogue regroupant une centaine d'objets flous ou nébuleux du ciel nocturne. À chacun fut associé un numéro précédé de la lettre M. Par exemple la nébuleuse d'Orion étant le 42e objet de la liste de Messier, les astronomes y font référence sous le nom de M42. Bon nombre des objets de Messier étaient en fait des galaxies et des amas d'étoiles.

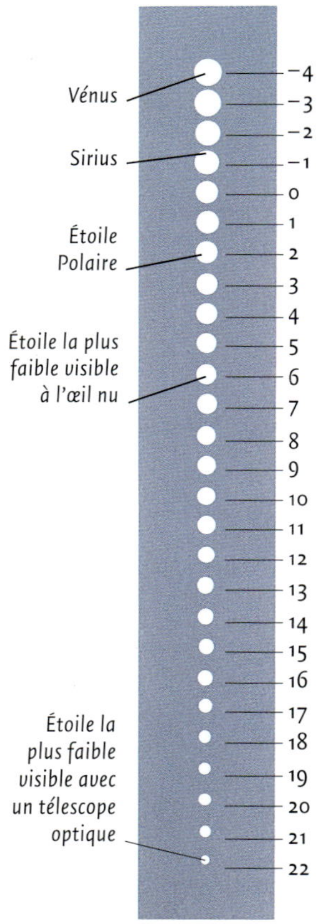

Les magnitudes ▲
La magnitude, qui exprime la luminosité d'une étoile, est de deux types : la magnitude apparente, qui est la luminosité vue de la Terre à très grande distance, et la magnitude absolue, qui est une mesure de sa luminosité intrinsèque, réelle, de l'étoile. L'échelle des magnitudes apparentes (ci-dessus), élaborée en accord avec le système ancien d'Hipparque (p. 10), repose sur des ratios. Ainsi, la magnitude 1 est définie comme étant 100 fois plus lumineuse que la magnitude 5. Les étoiles visibles à l'œil nu ont des magnitudes apparentes qui vont de –1,4 (pour Sirius) à +6.

◀ Henrietta Leavitt (1868-1921)
Les céphéides sont des étoiles variables : leur éclat varie périodiquement. L'astronome américaine Henrietta Leavitt découvrit en 1912 qu'il existait une relation simple entre la brillance des céphéides et la période de variation de leur luminosité. En mesurant cette période, on établit la luminosité intrinsèque de l'étoile et sa distance par comparaison avec son éclat apparent. Les céphéides sont des géantes brillantes et des supergéantes du même type que l'étoile de référence de Céphée.

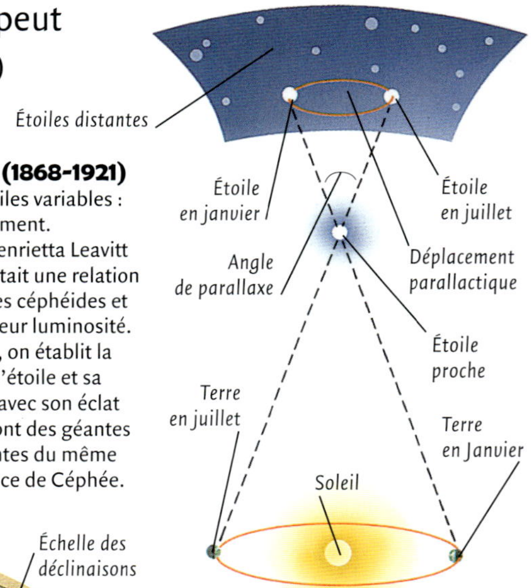

Le parsec, une mesure de distance ▲
Au cours du mouvement orbital de la Terre autour du Soleil, les étoiles proches semblent se déplacer par rapport à l'arrière-plan des étoiles lointaines. Ce déplacement angulaire apparent, que l'on appelle la parallaxe, est mesuré en secondes d'arc et permet de calculer la distance d'une étoile à la Terre. Un parsec (pc) est la distance d'une étoile dont la parallaxe (par) est égale à une seconde d'arc (sec). Il équivaut à 3,2 années-lumière, soit environ 30 856 milliards de kilomètres.

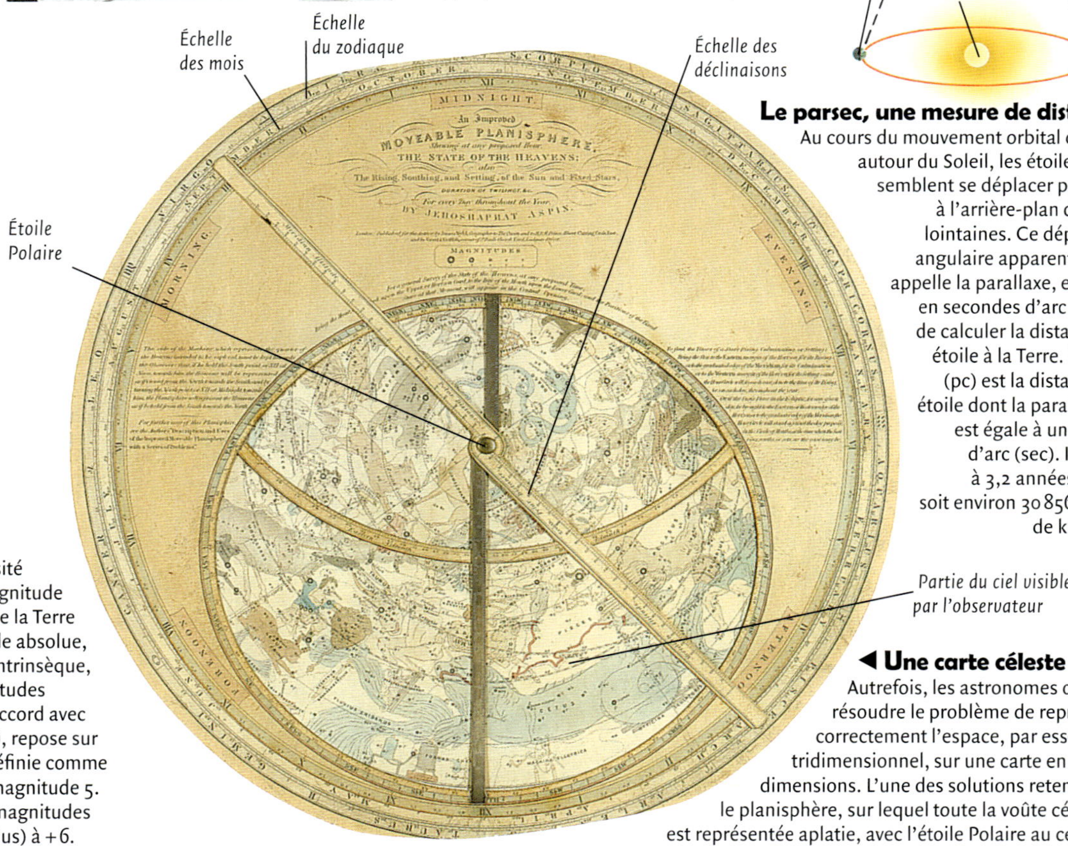

◀ Une carte céleste
Autrefois, les astronomes ont dû résoudre le problème de représenter correctement l'espace, par essence tridimensionnel, sur une carte en deux dimensions. L'une des solutions retenues a été le planisphère, sur lequel toute la voûte céleste est représentée aplatie, avec l'étoile Polaire au centre.

William Huggins (1824-1910) ▶
Cet astronome britannique fut l'un des premiers à faire le lien entre les décalages vers le rouge ou vers le bleu enregistrés dans les spectres stellaires (p. 30-31) et l'effet Doppler-Fizeau. En 1868, il observa dans le spectre de Sirius un léger décalage vers le rouge. Bien que ses mesures fussent fausses, il en déduisit fort justement que cela était dû au fait que cette étoile s'éloignait de la Terre. Il découvrit aussi que les nébuleuses sont des nuages de gaz lumineux.

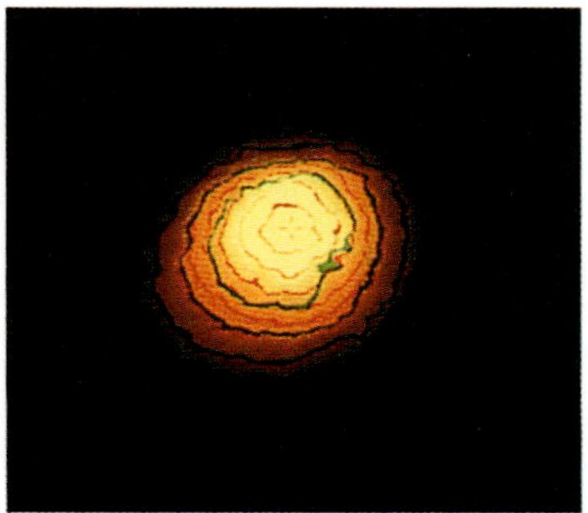

◀ Bételgeuse
Bételgeuse est une étoile bien plus massive et 17 000 fois plus brillante que le Soleil. Elle se trouve dans la constellation d'Orion, à 400 années-lumière de la Terre. On a utilisé pour cette photo de Bételgeuse des filtres de couleur afin de mettre en évidence le gaz qui entoure l'étoile.

▲ Novae et supernovae
Novae et supernovae sont des étoiles devenant soudain très brillantes avant de s'éteindre graduellement. Les novae se produisent chez les étoiles doubles dont l'une est une naine blanche qui, par gravité, absorbe la matière de sa partenaire. L'accumulation de matière déclenche une fusion nucléaire à l'origine du flash lumineux. Les supernovae sont des explosions plus lumineuses et plus violentes encore survenant lors de la mort d'étoiles très massives qui s'effondrent sur elles-mêmes sous l'effet de leur gravité avant d'exploser. Leur noyau peut subsister sous la forme d'une étoile à neutron ou d'un trou noir, tandis que les gaz éjectés lors de l'explosion forment une coquille en expansion, vestiges de la supernova. Ces images montrent la supernova 1987A avant (à gauche) et après (à droite) son explosion.

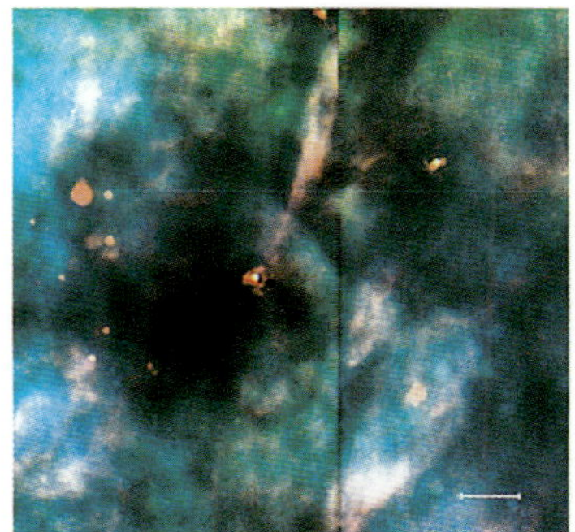

Berceaux d'étoiles ▶
Les étoiles naissent dans des nébuleuses, gigantesques nuages de gaz qui se contractent par gravité et se fragmentent en petits nuages protostellaires. Chaque protoétoile est entourée d'un halo de gaz et de poussières qui, s'il n'est pas chassé par le vent stellaire (particules de haute énergie émises par l'étoile), s'aplatira en un disque à partir duquel se formera éventuellement un système planétaire.

▲ La constellation d'orion
Les constellations, comme celle d'Orion, sont des ensembles d'étoiles qui forment des motifs particuliers dans le ciel et semblent proches les unes des autres. En réalité, elles se répartissent dans l'espace tridimensionnel et sont le plus souvent séparées par de très grandes distances.

▲ La nébuleuse d'Orion M42
Les étoiles ont un cycle de vie lié à leur masse, donc à celle du nuage de gaz dont elles sont nées. La nébuleuse d'Orion est très brillante car éclairée par les amas de jeunes étoiles chaudes auxquelles elle donne naissance.

Le monde infini des galaxies

Les premières galaxies se sont formées à partir du gaz primordial, cent millions d'années après la naissance de l'Univers. Chacune contient en moyenne cent milliards d'étoiles et a un diamètre de l'ordre de 100 000 années-lumière. Les galaxies sont regroupées en structures beaucoup plus vastes et forment des amas, des filaments ou de gigantesques murs. Edwin Hubble fut le premier à étudier systématiquement ces lointains ensembles d'étoiles. En 1923, il mesura la brillance d'un certain nombre d'astres de la galaxie d'Andromède, et il en déduisit qu'elle devait se trouver à 2,25 millions d'années-lumière de nous (p. 60). Après avoir étudié les différents décalages vers le rouge d'une quarantaine de galaxies (p. 23), il montra qu'elles s'éloignent de la nôtre à une vitesse proportionnelle à la distance qui nous sépare d'elles. Cette loi, à laquelle Hubble a donné son nom, prouve que l'Univers est en expansion.

▲ Edwin Hubble (1889-1953)
En 1923, cet astronome américain étudia la galaxie M31 de la constellation d'Andromède. Grâce à son puissant télescope du mont Wilson (254 cm de diamètre), il constata que ce que l'on croyait jusqu'alors être une nébuleuse était en fait composé d'étoiles, dont certaines parmi les plus brillantes étaient des céphéides (p. 60-61). Hubble comprit bientôt que ces étoiles variables, qu'il savait être très lumineuses bien qu'elles parussent si faibles, devaient se trouver extrêmement loin de la Terre. C'est alors que l'on prit vraiment conscience de l'immensité de l'Univers.

La Voie lactée ▶
Parce que la Terre se trouve à l'intérieur, notre galaxie, la Voie lactée, nous apparaît par la tranche sous la forme d'une traînée laiteuse barrant le ciel nocturne. Elle est plus lumineuse dans la direction du Sagittaire, où se trouve le bulbe central. Mais celui-ci nous est masqué par le gaz et les nombreuses poussières du milieu interstellaire. Seuls les télescopes infrarouges et radiotélescopes permettent d'observer son bulbe central.

La Voie lactée photographiée depuis le Chili avec un objectif grand-angle

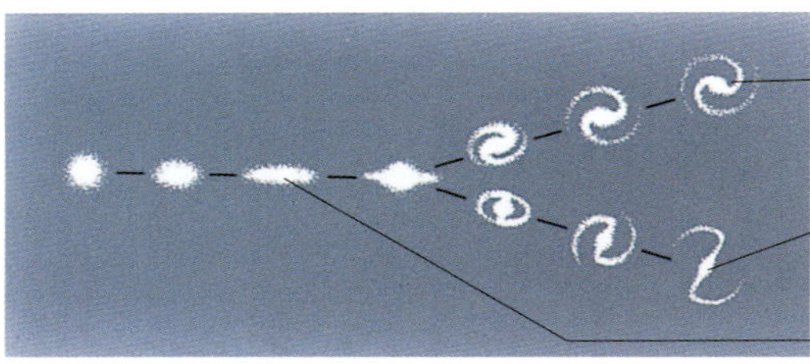

La classification des galaxies ▲
Hubble proposa une classification des galaxies en fonction de leur forme. On distingue deux grandes classes : les elliptiques et les spirales, qui sont elles-mêmes divisées en spirales classiques et en spirales barrées.

◀ La galaxie M51
M51 est une galaxie spirale typique, distante d'environ 25 millions d'années-lumière de nous. On distingue ses deux bras spiraux qui s'enroulent autour du bulbe central. Constitués de gaz et de poussières, ils sont le siège de nombreuses formations d'étoiles. M51 se trouve dans la constellation des Chiens de Chasse, juste au bout de la queue de la Grande Ourse. C'est une des « nébuleuses » dessinées par lord Rosse (p. 26) au XIXe siècle.

La forme de notre Galaxie ▶
La Voie lactée, vue de profil (en haut), présente un bulbe central ovale entouré d'un disque fin formé par les bras spiraux. Vue de dessus (en bas), c'est une magnifique galaxie spirale qui mesure environ 100 000 années-lumière de diamètre et 15 000 années-lumière d'épaisseur au niveau du bulbe. Notre Soleil se trouve en périphérie, dans l'un des bras spiraux, le bras d'Orion, à 30 000 années-lumière du centre galactique.

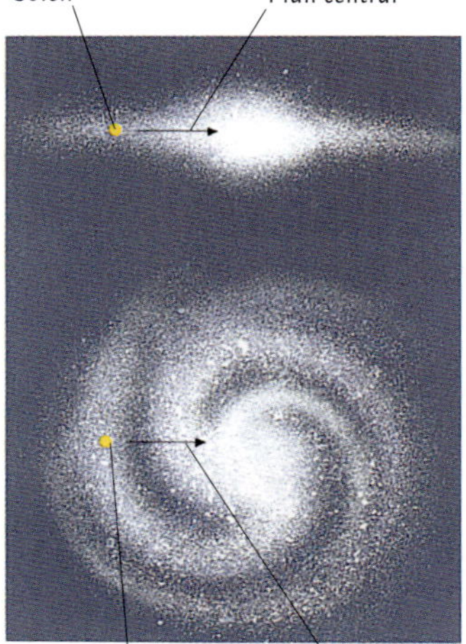

▲ La galaxie d'Andromède
M31, la galaxie d'Andromède, est une galaxie spirale comparable à la nôtre par la forme, et de masse a peu près similaire à celle de la Voie lactée. C'est le plus lointain objet visible à l'œil nu. M31 possède deux petites « galaxies compagnons » elliptiques.

Qu'est-ce que la cosmologie ?

C'est la branche de l'astronomie qui étudie l'origine et l'évolution del'Univers. Cette science ancienne n'a pris son véritable essor qu'au xxe siècle avec l'apparition de la théorie de la relativité, les progrès en radioastronomie, en physique des particules et en physique théorique, et avec la découverte de l'expansion de l'Univers, qui lui ont donné les bases qui lui manquaient pour devenir une science à part entière.

Albert Einstein (1879-1955) ▶
En affirmant que la masse était une forme d'énergie, le célèbre scientifique germano-américain remit en cause l'ensemble des lois de la physique qui dominait depuis l'époque de Newton (p. 21). La relativité générale, le fait que la gravitation affecte la forme de l'espace et le cours du temps, ont donné aux astronomes les outils pour comprendre les phénomènes tels que la naissance et la mort des étoiles et les trous noirs.

Les trous noirs ▶
Une supernova (p. 61) peut laisser, après son explosion, un trou noir, objet si dense que sa force gravitationnelle capture irrémédiablement tout ce qui passe à sa portée et empêche même la lumière de s'en échapper. Difficile à mettre en évidence, on peut en théorie le détecter grâce au rayonnement X émanant du disque d'accrétion formé par la matière qui y chute à grande vitesse.

Le saviez-vous ?

Des informations étonnantes

La Station spatiale internationale

★ La construction de la Station spatiale internationale (ISS), conçue pour effectuer de précieuses recherches, a débuté en 1998. En 2012, tous ses composants majeurs étaient en place et assemblés en orbite par des astronautes au cours de nombreuses sorties dans l'espace.

★ Depuis 1995, les astronomes ont découvert des centaines de systèmes planétaires autour d'étoiles ordinaires. L'étoile 55 du Cancer, qui est similaire au Soleil et située à 41 années-lumière de ce dernier, possède une famille de cinq planètes au moins semblables aux planètes géantes de notre Système solaire.

★ Certaines galaxies sont cannibales : elles se nourrissent de leurs semblables ! Hubble a réalisé des images de celle du Centaure A avec, au centre, un trou noir qui absorbe des galaxies voisines.

★ Europe, satellite de Jupiter, dissimule sous sa croûte glacée un océan d'eau liquide ou de glace à moitié fondue. Certaines parties de sa surface évoquent de vastes plaques de glace brisées et dérivantes.

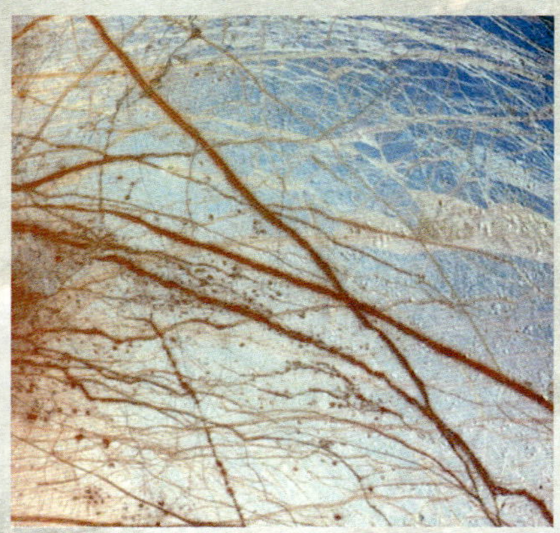

Vue en fausses couleurs de la surface d'Europe

★ Les étoiles Wolf-Rayet sont parmi les étoiles les plus chaudes et les plus massives connues, et l'un des types les plus rares. Au moins 25 fois plus massives que le Soleil, et avec des températures pouvant atteindre 100 000 °C, elles se trouvent dans un état à la limite de l'explosion en supernovae.

Vision d'artiste d'ne étoile Wolf-Rayet vivant ses dernières heures

★ Les télescopes optiques jumeaux Keck, à Hawaii, sont actuellement les plus grands du monde. Ils ont chacun la taille d'un immeuble de huit étages.

Les télescopes jumeaux Keck, sur le Mauna Kea, à Hawaii

★ La sonde spatiale Pioneer 10, lancée en 1972, nous transmet toujours des signaux, bien que la NASA ne les réceptionne plus depuis 1997. Située aujourd'hui à plus de 17 milliards de kilomètres de la Terre, Pioneer 10 devrait atteindre la constellation du Taureau dans environ 2 millions d'années.

★ Les missions spatiales américaines Apollo et russes Luna 17 et 21 ont permis de rapporter des échantillons de roches de la surface de la Lune. Certaines sont vieilles de 4,5 milliards d'années, plus anciennes que toutes les pierres de la Terre.

★ Le Grand Nuage de Magellan est une galaxie compagnon en orbite autour de notre Voie lactée. Il renferme un éblouissant amas stellaire, nommé NGC 1818, composé de plus de 20 000 étoiles, dont certaines sont vieilles de un million d'années.

★ En 2000, des scientifiques ont identifié la comète ayant la plus longue queue jamais vue. Il s'agit de Hyakutake, dont le noyau mesurait quelque 8 km de diamètre, et la queue, plus de 570 millions de kilomètres de long.

★ Lorsque Pluton fut découverte en 1930, son nom fut suggéré par une écolière anglaise de 11 ans qui s'appelait Venetia Burney. Son nom a été donné plus tard à un astéroïde de la ceinture principale.

Questions/réponses

Les quatre télescopes du Very Large Telescope

Quels sont les télescopes les plus puissants de la planète aujourd'hui ?

Les performances d'un télescope dépendent de la surface totale de son miroir primaire et de son pouvoir de séparation, c'est-à-dire la capacité à discerner les détails. Les plus puissants, à l'heure actuelle, sont les télescopes qui combinent deux miroirs primaires ou plus. Les télescopes jumeaux Keck ont chacun un miroir primaire de 10 m de diamètre, celui-ci étant composé de 36 segments hexagonaux, et peuvent travailler en combinaison. Le Grand Télescope binoculaire d'Arizona possède deux miroirs de 8,40 m de diamètre, qui fonctionnent ensemble comme un miroir de 11,80 m. Quant au Very Large Telescope, au Chili (ci-dessus), il est constitué de quatre télescopes de 8,20 m de diamètre capables d'observer le ciel en combinaison ou séparément.

Jusqu'à quelle distance les astronomes peuvent-ils voir ?

Les galaxies les plus distantes détectées jusqu'à présent se trouvent à 13 milliards d'années-lumière de la Terre. Cela veut dire qu'elles se sont formées quelques centaines de millions d'années après le big bang.

Quelques records

L'utilisation d'un instrument
Galileo Galilei (1564-1642), dit Galilée, est le premier astronome à avoir étudié le ciel avec une lunette.

Le plus grand télescope à infrarouge
Le miroir du télescope Hobby-Eberly (HET), sur le mont Fowlkes, au Texas, États-Unis, mesure 11 m de diamètre.

La planète comptant le plus de satellites
À ce jour, Jupiter totalise au moins 67 satellites connus. Mais les astronomes continuent d'en découvrir de nouveaux.

Le volcan le plus élevé
Culminant à 25 000 m, *Olympus Mons*, sur Mars, est le volcan le plus élevé de tout le Système solaire.

La nébuleuse la plus proche
La nébuleuse de Mérope, à 440 années-lumière, est la nébuleuse la plus proche de la Terre.

Vision d'artiste de l'European Extremely Large Telescope

De quelle taille seront les télescopes du futur ?

L'ESO (European Southern Observatory) construit actuellement le plus gros télescope optique/proche infrarouge du monde à quelque 3 000 m d'altitude au sommet du Cerro Armazones, au Chili. Baptisé European Extremely Large Telescope, ou E-ELT, son miroir principal de 39 m de diamètre constitué de 798 segments fonctionnant en optique adaptative, sera près de quatre fois plus large que les plus puissants télescopes optiques actuels, permettant de collecter 15 fois plus de lumière que ces derniers et de réaliser des images 15 fois plus nettes que celles du télescope spatial Hubble. L'E-ELT permettra de photographier des exoplanètes, de scruter le ciel profond à la recherche des objets les plus distants et d'effectuer des études détaillées des premières galaxies, peut être même de mesurer directement l'accélération de l'expansion de l'Univers. Son achèvement est prévu pour 2022.

Hubble est-il le seul télescope spatial ?

Lancé en 1990, le télescope spatial Hubble fut le premier observatoire de l'espace digne de ce nom. Il reste aujourd'hui le plus célèbre mais plusieurs autres ont été placés en orbite depuis, autour de la Terre ou du Soleil. Ils sont généralement conçus pour rester en service des années durant et effectuer des observations dans un domaine particulier. Parmi les plus importants figurent les quatre « Grands observatoires » de la NASA, dont Hubble fait partie. Les trois autres sont le Compton Gamma Ray Observatory, qui fut en fonction de 1991 à 2000, le Chandra X-ray Observatory, lancé en 1999, et le télescope spatial Spitzer, un télescope infrarouge lancé en 2003. Le successeur de Hubble sera le télescope spatial James Webb, dont le lancement est prévu pour 2018.

Comment la technologie spatiale nous aide-t-elle à nous localiser à la surface de la Terre ?

Les satellites nous permettent de cartographier l'Univers, mais aussi d'améliorer nos capacités à nous orienter sur Terre. Le Global Positioning System (GPS) est un ensemble de 27 satellites en orbite autour de la planète. Leurs orbites respectives ont été calculées pour qu'il y en ait toujours quatre qui soient visibles de n'importe quel endroit de la Terre. Ils indiquent leur position en émettant des signaux. Ces signaux sont captés par des capteurs GPS. Un capteur compare les informations des satellites qu'il peut recevoir. À partir de ces données, il peut calculer la latitude, la longitude et l'altitude auxquelles il se trouve et déterminer ainsi sa position à la surface du globe. Le GPS a d'extraordinaires applications pratiques qui sont aujourd'hui passées dans les mœurs. Ainsi, en reliant un capteur GPS à un ordinateur contenant des données comme des cartes ou des plans de villes, un système incorporé à une voiture peut déterminer le meilleur trajet pour se rendre d'un point à un autre.

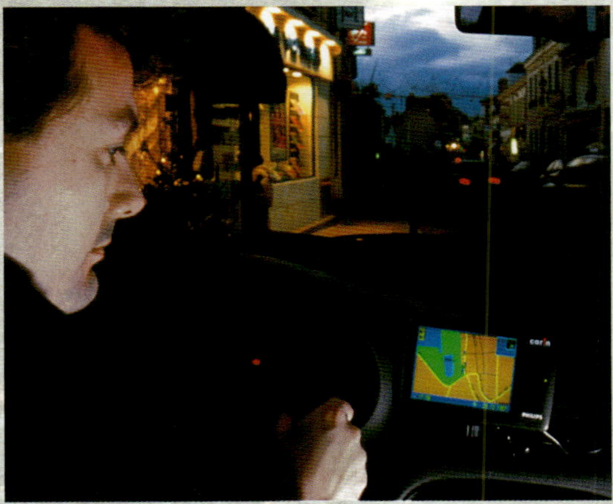

Système de navigation GPS pour automobile

L’astronomie, pointe de la technologie

Pour les astronomes, découvrir comment l’Univers est né et comment il a évolué est un défi majeur. En 1964, on s’est aperçu qu’il était rempli, dans toutes les directions, d’un rayonnement essentiellement composé de micro-ondes. Appelé fond diffus cosmologique, il s’agit d’un écho du big bang dont l’étude donne aux chercheurs un aperçu de l’aspect qu’avait l’Univers alors qu’il n’avait que quelques centaines de milliers d’années. Depuis ses débuts, l’Univers n’a cessé de se dilater et son expansion s’est accélérée au cours des cinq derniers milliards d’années, mu par une force mystérieuse que les astronomes, faute d’en connaître la nature, ont appelée l’énergie sombre.

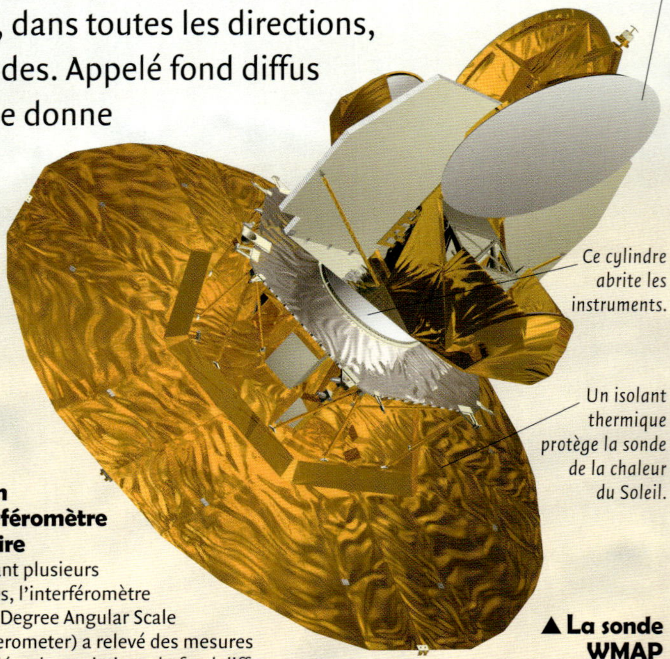

▲ La sonde WMAP
La sonde WMAP (Wilkinson Microwave Anisotropy Probe) a été lancée par la NASA en 2001 pour une mission de neuf ans visant à cartographier avec une précision jusqu’alors inégalée le fond diffus cosmologique et ses variations locales. Elle a été placée autour du Soleil sur une orbite extérieure à celle de la Terre, quatre fois plus éloignée de notre planète que la Lune. Depuis ce point de vue, elle a pu observer sans interférences l’ensemble du ciel.

◀ Un interféromètre polaire
Pendant plusieurs années, l’interféromètre DASI (Degree Angular Scale Interferometer) a relevé des mesures détaillées des variations du fond diffus cosmologique selon la direction dans le ciel. Il fut installé a la station de recherches Amundsen-Scott, au pôle Sud. Là, les températures glaciales maintiennent l’atmosphère quasiment libre de vapeur d’eau, un point important pour la détection des micro-ondes.

▼ Le télescope boomerang
En 1998, un télescope à micro-ondes, surnommé Boomerang, a survolé l’Antarctique pendant dix jours à une altitude de 37 000 m. Il nous a renvoyé une image d’environ 3 % du ciel, révélant les variations de la température de la matière chaude qui peuplait l’Univers avant que son expansion ne le refroidisse, et ne donne naissance aux étoiles et aux galaxies. L’analyse de ces variations tendit à conforter les cosmologistes dans l’idée que l’Univers va connaître une expansion indéfinie.

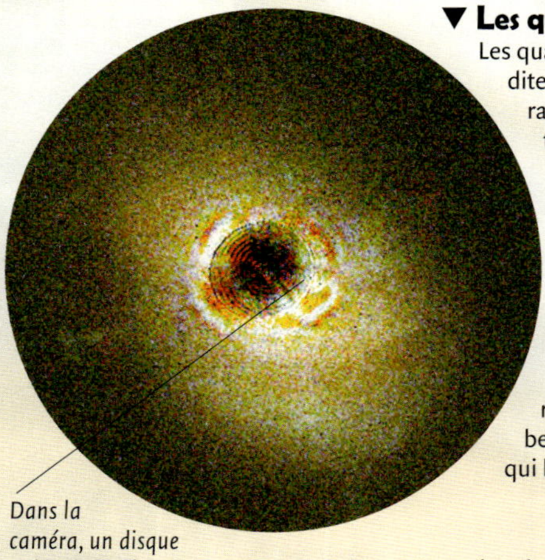

Dans la caméra, un disque noir masque le rayonnement lumineux du quasar.

▼ Les quasars, galaxies actives
Les quasars sont des noyaux de galaxies dites « actives » qui émettent un rayonnement électromagnétique très puissant. Ce sont des objets si brillants que les régions qui les entourent sont submergées par leur lumière et deviennent quasi invisibles en imagerie normale. Le télescope spatial Hubble, à l'aide d'une caméra spéciale conçue pour masquer la lumière du quasar 3C 273, a réalisé cette image de la galaxie beaucoup moins lumineuse qui l'encercle.

Les Neutrinos ▶
Cette chambre à bulles montre le trajet suivi par une particule subatomique, ici un neutrino, après une collision à grande vitesse. Des neutrinos venus de l'espace atteignent la Terre en grand nombre mais ils sont difficiles à détecter. Leur étude contribue à la compréhension des processus nucléaires qui se déroulent au cœur des étoiles.

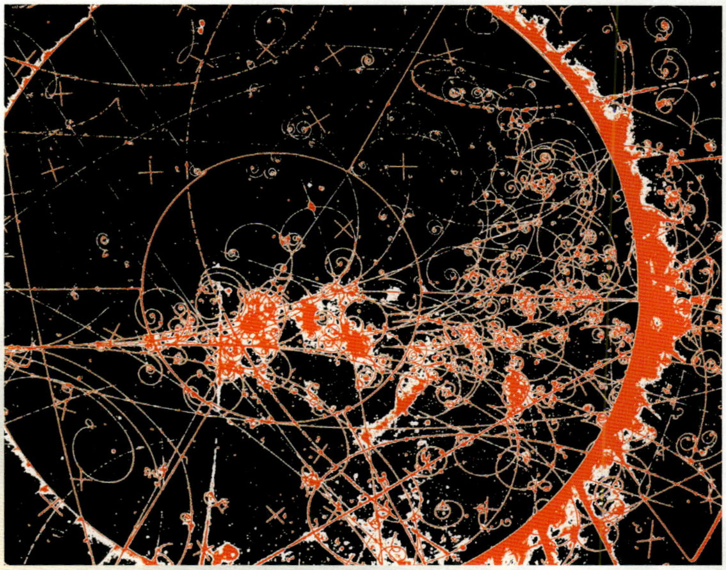

Le big bang

Le big bang ▲
La carte du rayonnement de l'Univers conforte la théorie du big bang. Si, dans le passé, l'Univers était chaud et dense, s'il s'est ensuite refroidi et s'est retrouvé en expansion, on devrait atteindre un point où le rayonnement se sépare de la matière. La trace que cela laisserait est conforme au rayonnement fossile observé.

La température des zones sombres est plus faible dans des proportions infimes.

Les zones un peu plus chaudes indiquent les endroits où se formeront des galaxies.

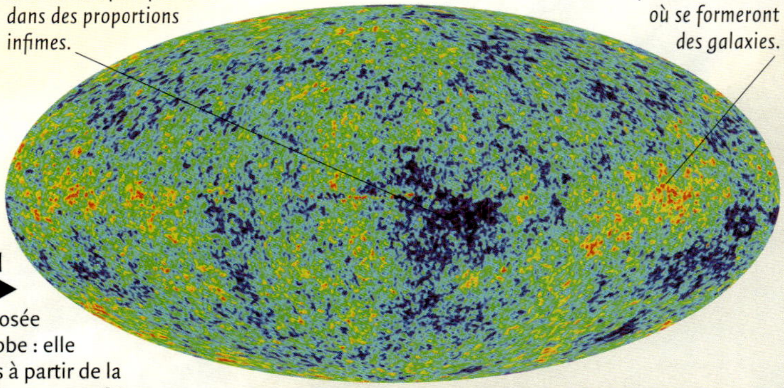

La carte du fond diffus cosmologique ▶
Cette carte de la voûte céleste est disposée comme n'importe quelle carte d'un globe : elle montre les vues dans toutes les directions à partir de la Terre. Le plus remarquable est qu'elle n'est pas parfaitement uniforme : elle présente des structures qui nous donnent des indices au sujet des forces en présence dans l'Univers il y a environ 13,75 milliards d'années.

Fond diffus cosmologique vu par la sonde WMAP

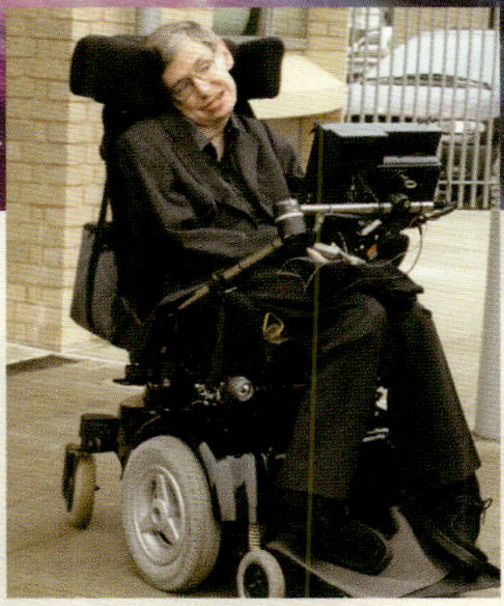

▲ Stephen Hawking
Le cosmologiste Stephen Hawking (né en 1942) a travaillé avec le physicien Roger Penrose pour démontrer que les théories d'Einstein sur le temps et l'espace corroborent celle du big bang. Hawking soutient également que les trous noirs émettent des rayonnements.

Pour en savoir plus

Pour approfondir ses connaissances sur l'astronomie, il suffit de regarder le ciel ! On peut, bien sûr, se servir de jumelles ou d'un télescope, mais quelque 2 500 étoiles sont visibles à l'œil nu. Un guide des constellations permet de se repérer dans le ciel. Vous trouverez des conseils utiles sur les nombreux sites Internet (voir, entre autres, les sites recommandés p. 69) consacrés à l'astronomie, dans certains journaux ou revues et dans les émissions spécialisées à la télévision ou à la radio. Les musées scientifiques sont une bonne introduction pour les passionnés du ciel et des étoiles.

Sans la lumière de la tente, les étoiles apparaîtraient encore plus visibles et brillantes.

▲ Observer le ciel nocturne
Tout le monde peut observer les étoiles. Muni d'une paire de jumelles classiques, cet astronome amateur aux États-Unis distingue bien la Voie lactée. Les étoiles au-dessus de la tente forment la constellation du Sagittaire.

▲Y a-t-il une vie extraterrestre ?
Les astronomes trouveront peut-être un jour des preuves irréfutables de la vie extraterrestre. En attendant, les réalisateurs de cinéma se contentent de les imaginer et de les mettre en scène pour notre plaisir. Qui peut dire à quoi pourraient ressembler de « vrais » aliens.

Mars Attacks ! (1996), un film parodique et satirique de Tim Burton

▼ Les planétariums
Dans un planétarium, une reproduction du cosmos, provenant des meilleurs télescopes, est projetée sur un écran en forme de voûte au-dessus de nos têtes. Le planétarium ci-dessous se trouve en Bretagne.

Cet écran reproduit à s'y méprendre le ciel nocturne.

Le fond diffus cosmologique ▶
On peut voir des traces du rayonnement fossile en allumant tout simplement la télévision ! Lorsqu'elle est réglée entre deux chaînes, la « neige » visible à l'écran résulte en partie du rayonnement micro-ondes venu du fond de l'espace.

▼ En attendant l'éclipse
Lorsqu'on a la chance d'assister à une éclipse, il faut se protéger les yeux des dangereux rayons du Soleil. En une année, il peut se produire jusqu'à sept éclipses solaires et lunaires. Les éclipses solaires sont les plus communes mais, paradoxalement, nous semblent plus rares car elles ne sont visibles que dans des régions délimitées de la planète.

▲ La Lune gibbeuse
La Lune est l'objet céleste idéal à observer pour l'astronome amateur débutant. En l'espace d'un mois, on peut voir chacune de ses phases. La Lune, sur cette image qui la montre en surimpression sur Vancouver, au Canada, est gibbeuse, c'est-à-dire entre le quartier et la pleine lune.

Bonnes adresses

Les villes de France abritent plusieurs observatoires et planétariums à visiter. Pour plus de renseignements, vous pouvez consulter le site de l'observatoire de Paris : www.obspm.fr/www/france.fr.shtml

Cité des sciences et de l'industrie, Paris
Vous y découvrirez en particulier :
- des expositions interactives sur l'espace ;
- un planétarium présentant les nébuleuses, les comètes, les galaxies et les planètes.
- 30, avenue Corentin-Cariou
  75930 Paris cedex 19
  Tél. : 01 40 05 80 00

Palais de la découverte, Paris
Vous pourrez visiter le planétarium et les expositions sur les planètes du Système solaire et leurs satellites, les étoiles, le cadran solaire et la mesure du temps.
- Avenue Franklin-D. Roosevelt – 75008 Paris
  Tél : 01 56 43 20 20

Cité de l'Espace, Toulouse
Inaugurée en 1997, la Cité de l'espace est un parc scientifique, ludique et éducatif, destiné au grand public. Vous y découvrirez l'aventure spatiale au fil des expositions, des spectacles.
- Avenue Jean-Gonord – BP5855
  31506 Toulouse cedex 5
  Tél. : 0 820 377 223

La ferme des étoiles, Fleurance (Gers)
- Au Moulin du Roy – 32500 Fleurance
  Tél. : 05 62 06 09 76

Musée d'astronomie Adler, Chicago, États-Unis

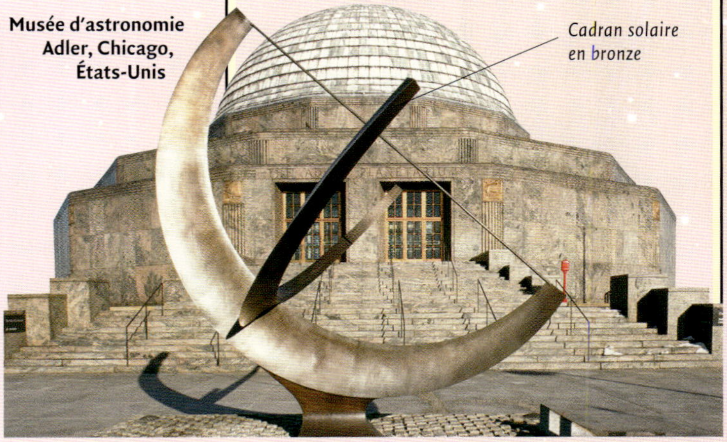

▲ Les musées et les parcs d'attractions scientifiques
Les musées et les expositions sont des lieux privilégiés pour parfaire sa connaissance. Les lieux qui les abritent peuvent être entièrement dédiés à l'espace, comme la Cité de l'Espace, à Toulouse, ou bien constituer des ensembles moins spécialisés, comme la Cité des Sciences et de l'Industrie, au parc de La Villette.

Quelques sites Internet

- Un site que tout passionné d'astronomie doit consulter, celui de *Ciel et Espace*, la revue de l'Association française d'astronomie (AFA) : www.cieletespace.fr

  Le site donne également accès à « Ciel et Espace Radio », qui regorge de podcasts passionnants.
- Le site de l'Association française d'astronomie (AFA), une mine d'informations pour tous les astronomes amateurs : www.afanet.fr

  Il renferme notamment un annuaire complet de tous les clubs, associations, planétariums, stations de nuit, observatoires, etc. de France, avec leurs adresses, numéros de téléphone, sites Internet et adresses électroniques.

Glossaire

Capteur CCD (Dispositif à transfert de charge) Dispositif électronique photosensible utilisé dans les télescopes modernes pour enregistrer des images

Aurore boréale

Année-lumière Distance parcourue par la lumière en un an : environ 9 500 milliards de kilomètres.

Aphélie Point le plus éloigné du Soleil de l'orbite d'une planète.

Astéroïdes Petits corps qui se déplacent autour du Soleil et dont la plupart sont situés entre Mars et Jupiter.

Astrophysique Étude de la physique des astres, de leur formation et de leur évolution.

Atmosphère Couches de gaz retenues autour d'une planète par sa force gravitationnelle.

Atome La plus petite composante d'un élément, faite de particules subatomiques comme les protons, les électrons et les neutrons.

Aurore polaire Luminescence colorée, visible dans le ciel proche des pôles, qui se produit lorsque des particules solaires, chargées électriquement, entrent en collision avec les gaz de l'atmosphère terrestre.

Axe Ligne imaginaire au centre d'une planète ou d'une étoile autour de laquelle s'effectue la rotation.

Big bang Phénomène d'expansion brutale qui a donné naissance à la matière, à l'origine de la naissance de l'Univers il y a 13,75 milliards d'années.

Capteur CCD

Champ gravitationnel Force d'attraction existant entre tous les objets dotés d'une masse, comme celle qui existe entre la Terre et la Lune.

Charge utile Fret transporté par un vaisseau spatial ou un satellite artificiel.

Comète Corps céleste composé de roches et de glace en orbite autour du Soleil. À proximité du Soleil, la tête gazeuse incandescente de la comète projette une queue de poussières et de gaz.

Constellation Portion de ciel définie par un ensemble d'étoiles formant, dans la voûte céleste, un motif remarquable auquel les civilisations humaines ont donné un nom, et englobant toutes les étoiles proches ne constituant pas ce motif.

Coronographe Télescope conçu pour observer le contour (la couronne) du Soleil.

Couronne Prolongement extrêmement ténu de l'atmosphère solaire visible seulement durant les éclipses de Soleil.

Éclipse Disparition totale ou partielle d'un objet céleste dans l'ombre d'un autre (éclipse de Lune). On désigne également par ce mot les occultations d'un corps céleste par un autre (éclipse de Soleil).

Écliptique Plan imaginaire de la sphère céleste dans lequel le Soleil semble se déplacer.

Effet Doppler Modification de la fréquence d'une onde lorsque sa source d'émission s'éloigne ou s'approche de l'observateur.

Équinoxe Périodes de l'année où le jour et la nuit sont de longueur égale sur toute la Terre : 20 ou 21 mars et 22 ou 23 septembre.

Étoile Boule de gaz massive, chaude et brillante, produisant de l'énergie par fusion nucléaire.

Étoile à neutrons Ce qui reste d'une étoile effondrée après le stade de supernova.

Fond diffus cosmologique Signal radio très faible représentant le rayonnement fossile de l'Univers au temps du big bang.

Fréquence Nombre de fois qu'un phénomène répétitif, telle qu'une onde d'un rayonnement magnétique, se produit par seconde.

Fusion nucléaire Processus par lequel deux noyaux d'atomes légers s'assemblent pour former un noyau plus lourd, en libérant de l'énergie.

Galaxie Vaste ensemble composé de milliards d'étoiles, de gaz et de poussières liés par la gravitation.

Géologue Scientifique qui étudie les roches.

Infrarouge Type de rayonnement électromagnétique, de longueur supérieure au rouge de la lumière visible, également connu comme rayonnement de chaleur.

Latitude Position au nord ou au sud de l'équateur, exprimée en degrés.

Libration Oscillation apparente dans la rotation de la Lune qui permet aux observateurs d'apercevoir un peu plus de la moitié de sa surface.

Longitude Position à l'est ou à l'ouest du méridien de Greenwich, exprimée en degrés.

Satellite de communication en orbite géostationnaire

Longueur d'onde Distance séparant les pics et les creux des ondes de rayonnement.

Longueur focale Terme d'optique désignant la distance entre une lentille (ou un miroir) et le point où les rayons lumineux de l'objet observé se focalisent.

Lunette Instrument d'optique à lentilles, qui utilise la réfraction, destiné à l'observation des objets éloignés.

Marée Montée et descente régulières de l'océan provoquées par la force d'attraction du Soleil et de la Lune sur la Terre.

Masse Mesure de la quantité de matière d'un corps.

Matière Tout ce qui possède une masse et occupe de l'espace.

Nébuleuse planétaire M2-9

Méridien Ligne imaginaire reliant les pôles. Celui passant par Greenwich, en Angleterre, a été adopté comme méridien zéro.

Météore Phénomène lumineux ou acoustique qui accompagne le passage d'une météorite dans l'atmosphère.

Météorite Fragment de roche céleste, résidu de la formation du Système solaire, ou détaché d'une planète ou d'un satellite naturel, tombé à la surface de la Terre.

Micro-onde Rayonnement électromagnétique appartenant à la gamme des ondes radio, présentant les longueurs d'onde les plus courtes, donc les fréquences les plus hautes, parmi ces dernières.

Nébuleuse Nuage de poussières et de gaz interstellaires.

Neutrino Particule subatomique produite par la fusion nucléaire des étoiles ou dans le big bang.

Nova Étoile se mettant soudainement à briller 1 000 fois plus qu'auparavant.

Nuage d'Oort Nuage de comètes, sphérique, d'un diamètre de 1,6 année-lumière, qui entoure le Soleil et les planètes.

Observatoire Lieu où les astronomes observent le ciel.

Vision d'artiste d'un pulsar avec représentation de son champ magnétique en violet

Occultation Passage d'un corps céleste devant un autre, le dissimulant.

Orbite Trajet dans l'espace, d'un corps céleste autour d'un autre, plus massif.

Orbite géostationnaire Orbite à 35 880 km au-dessus de l'équateur, dans laquelle un satellite met autant de temps à tourner autour de la Terre, que celle-ci en met à tourner autour de son axe.

Parallaxe Déplacement apparent de la position d'un astre voisin, lorsqu'il est vu de deux points différents, utilisé pour mesurer la distance nous séparant d'étoiles proches de nous.

Particule subatomique Particule plus petite qu'un atome, par exemple un proton, un neutron ou un électron.

Périhélie Point de l'orbite d'un astre le plus proche du Soleil.

Phase Chacun des aspects que présentent la Lune et les planètes à un observateur terrestre, selon leur éclairement par le Soleil.

Photosphère Surface visible d'une étoile, d'où s'échappe sa lumière.

Planète Gros corps céleste sphérique composé de roches, de liquides et/ou de gaz, en orbite autour d'une étoile.

Prisme Bloc transparent qui dévie la trajectoire d'un rayon de lumière.

Protubérance solaire Énorme arc de gaz dans la couronne inférieure du Soleil.

Protoétoile Masse constituée par la contraction, sous l'effet de la gravité, d'un nuage de gaz interstellaire, composé principalement d'hydrogène et d'hélium, à partir duquel une étoile va se former.

Pulsar Étoile à neutrons à rotation rapide émettant un fort rayonnement électromagnétique capté sous la forme d'un signal intermittent.

Quasar Galaxie active très lointaine, dégageant beaucoup d'énergie à partir d'un point central.

Radiotélescope Télescope qui détecte les ondes radio émises par les objets célestes.

Rayon gamma Rayonnement électromagnétique à longueur d'onde très courte et de très haute fréquence.

Rayonnement électromagnétique Ondes d'énergie qui se déplacent dans l'espace à la vitesse de la lumière.

Rayon X Rayonnement électromagnétique de très courte longueur d'onde, de haute fréquence.

Satellite Astre maintenu en orbite autour d'un autre par la force gravitationnelle de celui-ci. Il existe des satellites naturels et d'autres artificiels.

Solstice Périodes de l'année où le Soleil est le plus éloigné de l'équateur : 21 juin et 21 décembre.

Spectre électromagnétique Éventail complet du rayonnement électromagnétique.

Spectroscopie Étude du spectre d'un corps qui émet des rayonnements.

Supernova Gigantesque explosion due à l'effondrement du cœur stellaire d'une étoile massive, ou dans certains cas d'une naine blanche.

Système solaire Ensemble des objets célestes qui gravitent autour du Soleil.

Tache solaire Tache sombre, plus froide, à la surface du Soleil, produite par le champ magnétique du Soleil.

Télescope Instrument d'optique à miroirs, qui utilise la réflexion, destiné à l'observation des objets éloignés.

Surface du Soleil présentant des taches sombres

Temps sidéral Temps fondé sur la rotation de la Terre par rapport aux étoiles.

Temps universel Temps fondé sur la rotation de la Terre par rapport au Soleil.

Trou noir Corps céleste effondré sur lui-même, extrêmement dense, dont le champ gravitationnel est si fort que rien ne peut s'en échapper.

Ultraviolet Rayonnement électromagnétique de longueur d'onde plus courte que le violet de la lumière visible, émis par les étoiles chaudes.

Zodiaque Les douze constellations, de part et d'autre de l'écliptique, parmi lesquelles le Soleil, la Lune et les planètes semblent se déplacer.

Les savants

Antiquité

Moyen Âge

XVIe siècle

XVIIe siècle

XVIIIe siècle

XIXe siècle

XXe siècle

Index

ABC

DE

FGH

IJKL

MN

OP

QS

TU

VWZ

Remerciements

Dorling Kindersley tient à remercier : Maria Blyzinsky, à l'ancien Observatoire royal, pour son inestimable collaboration ; Peter Robinson et Artemi Kyriacou pour les maquettes; Peter Griffiths ; Jack Challoner pour ses conseils; Frances Halpin pour son aide lors des expériences de laboratoire ; Paul Lamb, Helen Diplock et Neville Graham pour leur aide dans la conception de l'ouvrage ; Anthony Wilson pour la relecture; Harris City Technology College et le Royal Russell School pour le prêt du matériel de laboratoire ; Colour Company et Roger Morris Partnership ; lentilles fournies par Carl Lingard Telescopes, Falcon Crescent, Clifton, Swinton, Manchester. Illustrations : Janos Marffy, Nick Hall, John Woodcock et Eugene Fleury. Photographies : Colin Keates, Harry Taylor, Christi Graham, Chas Howson, James Stevenson et Dave King.

Iconographie

h = haut, b = bas, c = centre, g = gauche, d = droite

American Institute of Physics, Emilio Segrè Visual Archives/Bell Telephone Laboratories 32cg ; Research Corporation 32bg ; Shapley Collection 60cg. Ancient Art and Architecture Collection 9hg ; 9cd ; 20hg. Anglo-Australian Telescope Board/D. Malin 61hd. Archive für Kunst und Geschichte, Berlin 19hg ; National Maritime Museum 46c. Associated Press 8hg. The Bridgeman Art Library 28hg ; Lambeth Palace Library, London 17hd. The Observatories of the Carnegie Institution of Washington 39cd. Jean-Loup Charmet 60hg. Bruce Coleman Ltd. 43c.Corbis : Russeil Christophe/ Kipa 69hg, Sandy Felsenthal 69d, Hulton-Deitsch Collection 68hg. ESA : 48bd ET Archive 9hd. European Southern Observatory 65hd. Mary Evans Picture Library 6hg, 14bg, 18cb, 42hg, 61hcg. Galaxy Picture Library : Boomerang Team 66b ; JPL 64bg ; Margaret Penston 67bd, Robin Scagell 68bc, STScl 67hg, University of Chicago 66cg. richard Wainscoat 27hg, 64bd. Gemini Observatory : Neelon Crawford/Polar Fine Arts/US National Science Foundation 25cg. Ronald Grant Archive 68cg. Robert Harding/R. Frerck 32bc ; C. Rennie 10bd ; Hulton Deutsch 20c. Henry E. Huntington Library and Art Gallery 62hg. Images Colour Library 7hg, 7cd, 7c, 16hg, 16cg, 18cg. Image Select 19bd, 21hc, 23hg, 26cg, 28cd. JPL 3cd, 37cd, 49hg, 49c, 49cd, 50hd, 51cdb, 52cg, 52bd, 55hd, 56cg, 63hd. Lowell Observatory 48hd. Magnum/E. Lessing 19hd. Mansell Collection 49hd. NASA 3cd, 8cg, 35cd, 35cg, 35bg, 41cd, 44bg, 44cg, 46bd, 47b, 49bd, 54/55bc, 56/57bc, 57hg ; Dana Berry/Sky Works Digital 64c ; ESA et Erich Karkoschka (University of Arizona) 53h ; Hubble space telescope Comet Team 51h ; JPL/Space Science Institute 34bc, 39hc, 50bd, 51h, 51bc, 53bd, 53c 55c, 55cd, 56cb, 61cd ; LMSAL 39c ; WMAP Science Team 66hd. National Geophysical Data Centre/ NOAA 27cg. National Maritime Museum Picture Library 6cg, 10cd, 15hg, 15hd, 25hg, 27bd, 29hd, 54hg. National Radio Astronomy Observatory : AUI/ J M Uson 32hg ; Novosti (London) 28bd, 35cg, 47hd. Planétarium de Bretagne 68-69. Tass 25cgb. Popperfoto 47hg, 67cdb. Rex Features Ltd. 34cgb. Scala/ Biblioteca Nationale 20cd. Science Photo Library 18hg, 25bc, 31hg, 31bg, 48c, 53bc, 56hg, 57cd ; Dr. J. Burgess 26hg ; Chris Butler 70-71, 71bd ; Cern 67hd ; Jean-Loup Charmet 11hg, 37hg ;
J-C Cuillandre/Canada-France-Hawaï télescope 68-69 ; Espenak 46hd ; European Space Agency 35hg, 42/43bc ; Mark Garlick 57cda GE Astrospace 70cd ; Jodrell Bank 33hd ; Mehau Kulyk 67c ; Dr. M. J. Ledlow 33hg ; Chris Madeley 70hg ; F. D. Miller 31c ; NASA 7cdb, 20bc, 20bcd, 20bd, 34cd ; 41cdb, 44/45bc, 49hc, 57cd, 58bg, 59bd, 64h, 66-67, 67bc ; NOAO 61cg, 71cd ; NASA/ ESA/STSCI/E.KARKOSCHKA, U. ARIZONA 54-55b ; Novosti 47cd ; David Nunuk 25bd, 65hg, 69hc ; Dabid Parker 70bg ; P. Plailly 38cg ; Physics Dept. Imperial College 30cdb, 30bd ; Philippe Psaila 65bd ; Dr. M. Read 30hg ; Royal Observatory, Edinburgh 27hg, 59hd ; J. Sandford 41h, 61bg ; Space Telescope Science Institute/NASA 64-65, 71hg ; R. Ressemeyer, Starlight 12hg, 25cdb, 27hd, 33cd, 55hg, 62/63c ; U.S. Geological Survey 37bd, 48g ; Frank Zullo 68hd. SOHO (ESA & NASA) : 38-39b ;Tony Stone Images 42cg. Roger Viollet/ Boyes 38hg. ZEFA UK 6/7bc, 8bg, 33b, 61bd, 62bg ; G. Heil 26bc.
À l'exception des articles mentionnés ci-dessus, des objets du British Museum, page 8c, du Science Museum, pages 21b et 22 cg et du Natural History Museum, page 43hg, les objets des pages 1, 2h, 2c, 2b, 3h, 3g, 3b, 3hd, 4, 11b, 12b, 14c, 14bc, 14d, 15hg, 15b, 16bg, 16bd, 17bg, 17bd, 20bg, 24bc, 25hd, 28cg, 28c, 28bg, 29hg, 29c, 29b, 31b, 36b, 38b, 40cg, 40bg, 40/4b, 42bg, 52bg, 54bg, 58hd, 60b proviennent tous des collections de l'ancien Observatoire royal, à Greenwich.

Couverture : Dorling Kindersley pour tous les documents sauf 1er plat bas Radio-télescope Array, Robert Llewellyn/Corbis, National maritim museum à Londres hg et dos h, 4e plat centre Hubble, Nasa, National maritim museum à Londres hd et bg.

Nous nous sommes efforcés de retrouver les propriétaires des copyrights. Nous nous excusons pour tout oubli involontaire.
Nous effectuerons toute modification éventuelle dans nos prochaines éditions.